U0181335

电机实验与实践

赵镜红　孙　盼　孙　军　主编

科学出版社

北京

版权所有，侵权必究

内 容 简 介

本书根据电气工程及自动化专业实践课程的实施要求而编写。针对电机类实践课程部分特点，本书内容包括基础能力训练、电机基本原理与结构和电机实验三大部分。本书训练学生的基础电工能力，使学生掌握电机基本理论和电机实验方法，力求理论与实践相结合，提高学生的动手能力。

本书可作为电气工程及自动化、动力工程、机电工程等专业相关课程的实验教材，也可作为有关专业工程技术人员的参考用书。

图书在版编目（CIP）数据

电机实验与实践 / 赵镜红，孙盼，孙军主编. —北京：科学出版社，2020.9
ISBN 978-7-03-062675-2

Ⅰ. ①电… Ⅱ. ①赵… ②孙… ③孙… Ⅲ. ①电机－实验－教材
Ⅳ. ①TM306

中国版本图书馆 CIP 数据核字（2019）第 233574 号

责任编辑：吉正霞 / 责任校对：高 嵘
责任印制：彭 超 / 封面设计：苏 波

科 学 出 版 社 出版
北京东黄城根北街 16 号
邮政编码：100717
http://www.sciencep.com
武汉中科兴业印务有限公司印刷
科学出版社发行 各地新华书店经销
*
2020 年 9 月第 一 版 开本：787×1092 1/16
2020 年 9 月第一次印刷 印张：10 1/4
字数：243 000
定价：45.00 元
（如有印装质量问题，我社负责调换）

《电机实验与实践》编委会

前 言 Foreword

　　编者结合近年来电气工程学科教学改革要求，适应院校"双一流"建设调整，跟踪电机类装备的发展趋势，本着培养应用性、技能型、创新型人才的精神，根据实践课程教学的特点，并参照人才培养实施方案和有关行业技能鉴定规范编写了此书。

　　本书在编写过程中力图体现以下特点：

　　1. 根据相关专业人员培养层次，教材突出了基本技能、能力提高的目标要求；

　　2. 根据装备发展需求及岗位任职能力需求，教材突出了能力培养与装备发展的适应性要求；

　　3. 根据相关专业的培训目标，教材突出了应用性、实践性和技能性；

　　4. 根据教育理论和教学规律，教材突出了典型性；

　　5. 根据事物发展的规律，教材体现了新颖性；

　　6. 根据读者的知识结构，教材体现了可读性。

　　本书第 1 章讲解了常用电工工具及使用、常用电工仪表及使用和电工安全基础知识；第 2 章介绍电机基本原理与结构，分直流电机、变压器、异步电机和同步电机 4 部分；第 3 章到第 6 章介绍基本的电机实验项目，按照当前高校实验课程基本要求，整理了常见电机实验项目的方法。

　　本书的编写分工为：赵镜红、孙军、徐建霖同志编写第 1、3 章，孙盼、杨刚、宋道远同志编写第 2、4 章，周屹、王铁军、甄洪斌同志编写第 5 章，方芳、张正康、何笠、冯国利同志编写第 6 章。

　　由于作者的水平有限，加之时间比较仓促，书中错误和不妥之处在所难免，恳切希望广大读者给予批评指正。

编　者

2020 年 4 月

目 录 Contents

第1章 基础能力训练

1.1 常用电工工具及使用

正确使用电工工具，不但能提高工作效率和施工质量，而且能减轻劳动强度，保证操作安全，延长工具使用寿命。

1.1.1 验电器

验电器是检验导线和电气设备是否带电的一种电工常用工具，可分为低压验电器和高压验电器两类。高压验电器又称高压测电器，用来检查高压供电线路是否有电，这里不做详细介绍，下面介绍低压验电器。

低压验电器又称测电笔（简称电笔），有钢笔式和螺丝刀式两种，如图 1-1-1 所示，其检测电压范围为 60～500 V。它由氖管、电阻、弹簧和笔身等部分组成。

(a) 钢笔式电笔　　　　　　　　　　　　(b) 螺丝刀式电笔

图 1-1-1　电笔

当用电笔测试带电体时，以手指或手掌触及笔尾的金属体。带电体经电笔、人体到大地形成通电回路，只要带电体与大地之间的电位差超过 60 V，电笔中氖管就会发出红色的辉光。

电笔在使用时，必须按照图 1-1-2（a）及图 1-1-3（a）所示的方法握妥，即以手指触及笔尾的金属体，并使氖管小窗背光朝向自己，以便于观察；同时要防止笔尖的金属体触及皮肤，以避免触电。在螺丝刀式电笔的金属杆上，必须套上绝缘管，仅留出刀口部分供测试使用。

使用电笔的注意事项：

（1）使用电笔前，一定要在有电的电源上检查氖管能否正常发光。

（2）在明亮的光线下测试时，往往不易看清氖管的辉光，所以应当避光检测。

（3）电笔的金属探头多制成螺丝刀形状，它只能承受很小的扭矩，使用时应特别注意，以免损坏。

(a) 螺丝刀式电笔正确握法　　　　　　　(b) 螺丝刀式电笔错误握法

图 1-1-2　电笔的握法一

(a) 钢笔式电笔正确握法　　　　　　　(b) 钢笔式电笔错误握法

图 1-1-3　电笔的握法二

（4）电笔不可受潮，不可随意拆装或受剧烈振动，以保证测试的可靠性。

（5）要防止电笔笔尖金属体触到皮肤，以防触电。

电笔的使用经验：

（1）可根据氖管发亮的强弱来估计电压的高低，氖管越暗，表明电压越低；氖管越亮，表明电压越高。

（2）在交流电路中，当电笔触及导线时，氖管发亮的是相线（正常情况下，零线是不会使氖管发亮的）。

（3）交流电通过电笔时，氖管里两个电极同时发亮；直流电通过时，只有一个电极发亮。

（4）用电笔触及电机、变压器等电气设备外壳，若氖管发亮，则说明该设备相线有碰壳现象，若壳体上有良好接地装置，氖管是不会发光的。

（5）在三相三线制星形接法的交流电路中，用电笔测试时，如果两根相线很亮，而另一根不亮，则这三相有接地现象。

1.1.2　钳类工具

1. 钢丝钳

钢丝钳又称平口钳、老虎钳，是电气应用最为频繁的工具。外形如图 1-1-4 所示。

钢丝钳的功能：钳口用于弯绞或钳夹导线线头或者其他物体；齿口用来紧固或起松螺母；刀口用于剪断导线，剥除软导线的绝缘层，起拔铁钉等；铡口用于铡断钢丝、铁丝等硬度较大的金属丝。电工所用的钢丝钳，在钳柄上必须套有交流耐压不低于 500 V 的绝缘管。

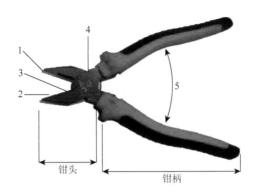

图 1-1-4　钢丝钳

1—钳口；2—齿口；3—刀口；4—铡口；5—绝缘管

使用钢丝钳的注意事项：

（1）钳头不可作为敲打工具使用。

（2）平时保存应注意防锈。

（3）钳头的轴销上应经常加机油润滑，以保证使用灵活。

（4）使用前应检查绝缘套是否完好，破损的绝缘套必须更换。

（5）在切断带电导线时，不能将相线和中性线或者不同相位的相线在一个钳口处同时切断，以免发生短路。

2. 尖嘴钳

尖嘴钳绝缘柄的耐压强度一般为 500 V，其头部尖细，适用于在狭小的工作空间操作。尖嘴钳的外形如图 1-1-5 所示。

图 1-1-5　尖嘴钳

尖嘴钳的用途：刀口可用来剪断细小金属丝；能夹持较小的螺钉、垫圈、导线等元件；在装接控制线路板时，能将单股导线弯成所需形状。

使用尖嘴钳的注意事项：

（1）尖嘴钳可带电操作，但严禁使用塑料柄破损的尖嘴钳在非安全电压范围内操作。

（2）不允许把尖嘴钳当锤子使用。

3. 偏口钳

偏口钳又称斜口钳，其头部偏斜，电工用偏口钳的钳柄采用绝缘柄，其外形如图 1-1-6 所示。在剪切导线，尤其是剪切印制线路板上过长的元件引线时，偏口钳最为适用。偏口钳还可以代替剪刀剪切绝缘套层、尼龙扎线卡等。

图 1-1-6　偏口钳

偏口钳使用时的注意事项与尖嘴钳大体相同。操作时还应注意双眼不要直视被剪物，防止剪下的线头飞溅，伤及眼部。不允许用偏口钳剪切螺钉及较粗的钢丝等，防止损坏钳口。

4. 剥线钳

需要剥除电线端部绝缘层（如橡皮层、塑料层等）时，常选用剥线钳。剥线钳的手柄是绝缘的，因此可以带电操作，工作电压一般不允许超过 500 V。剥线钳的优点是使用效率高，剥线尺寸准确，不易损伤芯线。其钳口处有数个不同直径的小孔，可根据待剥导线的线径选用，以达到既能剥掉绝缘层，又不损伤芯线的目的。图 1-1-7 所示为常见剥线钳的外形。

(a) 带刃口剥线钳　　　　　　　　　　　　(b) 自动剥线钳

图 1-1-7　剥线钳

　　剥线钳的使用方法是一只手拿着待剥导线，另一只手捏住钳柄。将导线放进选定的钳口内，紧握钳柄用力合拢，便可切断导线的绝缘层并同时将其拉出，然后将钳柄松开，取出导线。

　　使用剥线钳的注意事项：

　　（1）使切口与被剥削导线芯线直径相匹配，切口过大难以剥离绝缘层，切口过小会切断芯线。

　　（2）带电操作之前，必须检查绝缘把套的绝缘是否良好，以防绝缘损坏，发生触电事故。

　　5. 压线钳

　　压线钳可用于压制各种线材，如果要使用接线端子，那么压线钳将是必不可少的（图 1-1-8）。

图 1-1-8　常用压线钳

1）使用实例 1

（1）将导线进行剥线处理，裸线长度约 1.5 mm，与压线片的压线部位大致相等（图 1-1-9）。

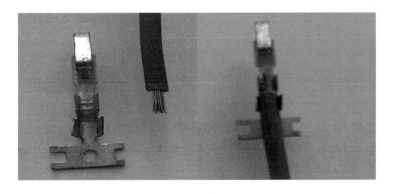

图 1-1-9　压线钳的使用示范步骤一

　　（2）将压线片的开口方向向着压线槽放入，并使压线片尾部的金属带与压线钳平齐（图 1-1-10）。

　　（3）将导线插入压线片，对齐后压紧（图 1-1-11）。

图 1-1-10 压线钳的使用示范步骤二

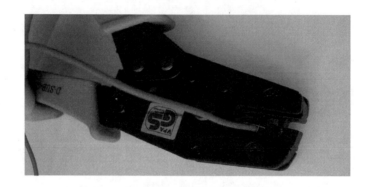

图 1-1-11 压线钳的使用示范步骤三

（4）将压线片取出，观察压线的效果，掰去压线片尾部的金属带即可使用（图 1-1-12）。

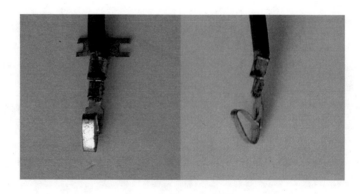

图 1-1-12 压线钳的使用示范步骤四

2）使用实例 2

当使用的导线端子是针形接线端子时，可以使用图 1-1-13 中的压线钳进行压接操作。

（1）首先使用剥线钳将导线一端适当长度的绝缘层剥离，如图 1-1-14 所示，剥好的导线会露出导电的铜芯线部分，这里使用的是多股铜芯线。

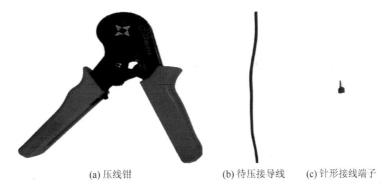

(a) 压线钳　　　　　　　(b) 待压接导线　　　(c) 针形接线端子

图 1-1-13　使用压线钳对针形接线端子进行压接

图 1-1-14　将导线一端绝缘层剥离

（2）将多股铜芯线用手顺时针或逆时针方向拧成一股，如图 1-1-15 所示。

（3）将针形接线端子套在铜芯线上，注意针形接线端子的塑料护套部分应完全看不到裸露的铜芯线，如图 1-1-16 所示。

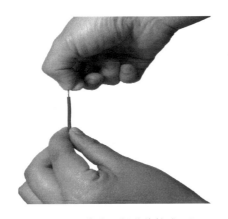　　　　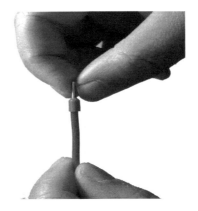

图 1-1-15　将多股铜芯线拧成一股　　　　图 1-1-16　套上针形接线端子

（4）将针形接线端子的金属部分完全放入压线钳的压接孔内，注意针形接线端子的塑料护套部分不能进入压接孔，如图 1-1-17 所示。

（5）用力压住压线钳的操作手柄，对针形接线端子的金属部分进行充分压接。压接后松开操作手柄，取出导线，如图 1-1-18 所示。

图 1-1-17　将针形接线端子放入压接孔

图 1-1-18　压接针形接线端子的金属部分

图 1-1-19　压好的针形接线端子

（6）压好的针形接线端子如图 1-1-19 所示，可以看出针形接线端子的金属部分有明显的压痕。此时用手可以稍用力拔扯针形接线端子，检验针形接线端子和导线是否连接牢靠。

1.1.3　螺钉旋具

螺钉旋具俗称螺丝刀，又称为起子、改锥等，它是一种紧固或拆卸螺钉的工具。螺钉旋具式样和规格很多，按头部形状可分为一字形和十字形两种，如图 1-1-20 所示，每一种又分为若干个规格。电工多采用绝缘性能较好的塑料柄螺丝刀。

(a) 一字形螺钉旋具　　　　　　(b) 十字形螺钉旋具

图 1-1-20　螺钉旋具

1. 一字形

一字形又称平口起，用来紧固或拆卸一字槽的螺钉和螺丝，它的规格用握柄以外的刀杆长度来表示，常有 75 mm、125 mm、150 mm、200 mm、300 mm、400 mm 等规格。

2. 十字形

十字形又称梅花起，用来紧固或拆卸十字槽的螺钉和螺丝，常用的规格有 4 种：Ⅰ号适用于直径为 2~2.5 mm 的螺钉，Ⅱ号适用于直径为 3~5 mm 的螺钉，Ⅲ号适用于直径为 6~8 mm 的螺钉，Ⅳ号适用于直径为 10~12 mm 的螺钉。

3. 多用形

多用形是一种组合工具，握柄和刀体是可拆卸的。它除具有多种规格的一字形、十字形刀体外，还附有一只钢钻，可用来预钻木螺丝的孔。握柄采用塑料制成，有的还具有试电笔的功能。

使用螺钉旋具的注意事项：

（1）电工不可以使用金属杆直通柄顶的螺钉旋具，否则易造成触电事故。

（2）紧固或拆卸带电的螺钉时，手不得触及螺钉旋具的金属杆，以免发生触电事故。使用大螺钉旋具时，除大拇指、食指和中指要夹住握柄外，手掌还要顶住柄的末端，以防旋转时滑脱。使用小螺钉旋具时，可用大拇指和中指夹着握柄，用食指顶住柄的末端进行旋转。

（3）为避免螺钉旋具的金属杆触及皮肤或邻近带电体，应在金属杆上穿套绝缘管。

（4）带电操作时应选择带绝缘手柄的螺钉旋具，使用前要检查绝缘是否良好。

（5）螺钉旋具的头部形状和尺寸应与螺钉尾槽的形状及大小相匹配，严禁用小螺丝刀去拧大螺钉，或用大螺丝刀拧小螺钉。

（6）螺钉旋具不能作为凿子使用。

1.1.4 扳手

1. 活动扳手

活动扳手又称活络扳手，是用来紧固和松开螺母的一种专用工具，主要由头部和柄部组成。头部又由呆扳唇活络扳唇、扳口、蜗轮和轴销等构成，旋动蜗轮可调节扳口的大小，如图 1-1-21 所示。其规格是以长度×最大开口宽度（单位：mm×mm）来表示的，有 150 mm×19 mm（6′）、200 mm×24 mm（8′）、250 mm×30 mm（10′）和 300 mm×36 mm（12′）4 种。

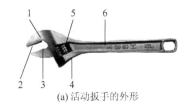

(a) 活动扳手的外形

1—呆扳唇；2—扳口；3—活络扳唇；4—轴销；5—蜗轮；6—手柄

(b) 扳动较大螺母时的握法   (c) 扳动较小螺母时的握法

图 1-1-21 活动扳手

使用活动扳手的注意事项：

（1）扳动大螺母时，需用较大力矩，手应握在近柄尾处。

（2）扳动较小螺母时，需用力矩不大，但螺母过小易打滑，故手应握在接近头部的地方，随时调节蜗轮，收紧活络扳唇，防止打滑。

（3）活络扳手不可反用，以免损坏活络扳唇，也不可用钢管接长手柄来施加较大的扳拧力矩。

（4）活络扳手不得当作撬棒和手锤使用。

2. 其他常用扳手

1）呆扳手

呆扳手又称死扳手，其开口宽度不能调节，有单端开口和两端开口两种形式，分别称为单头扳手和双头扳手。单头扳手的规格以开口宽度表示，双头扳手的规格以两端开口宽度（单位：mm×mm）表示，如 8 mm×10 mm、32 mm×36 mm 等。

2）梅花扳手

梅花扳手都是双头形式，它的工作部分为封闭圆，封闭圆内分布了 12 个可与六角头螺钉或螺母相配的牙型。其规格表示方法与双头扳手相同。

3）两用扳手

两用扳手一端与单头扳手相同，另一端与梅花扳手相同，两端同一规格。

4）套筒扳手

套筒扳手由一套尺寸不同的梅花套筒头和一些附件组成，可用在一般扳手难以接近螺钉和螺母的场合。

5）内六角扳手

内六角扳手用于旋动内六角螺钉，其规格以六角形对边的尺寸来表示，最小的规格为 3 mm，最大的为 27 mm。

1.1.5 电工刀

电工刀主要用来剖削或切割电工器材，如剖削电线电缆绝缘层，切割木台缺口，削制木桩及软金属等，其结构如图 1-1-22 所示。有的电工刀还带有手锯和尖锥，用于电工器材的切割与扎孔。

图 1-1-22 电工刀

使用电工刀的注意事项：

（1）使用时，刀口应朝外进行剖削。

（2）剖削导线绝缘层时，应使刀面与导线成较小锐角，以免割伤导线。

（3）使用电工刀应注意避免伤手，用毕应随即将刀身折进刀柄。

（4）电工刀刀柄是无绝缘保护的，不能在带电导线或器材上剖削，以防触电。

1.1.6 电烙铁

电工在安装和维修过程中常常通过锡焊方法对铜、铜合金、镀锌薄钢板等材料进行焊接，电烙铁就是焊接的主要工具。它由烙铁头、烙铁心、外壳、手柄、插头等部分组成。电烙铁按加热方式的不同可分为内热式和外热式。近年来，恒温式电烙铁和吸锡式电烙铁等产品也相继出现。电烙铁的规格是以消耗的电功率来表示的，通常有 25 W、45 W、75 W、100 W 和 300 W 几种。常见电烙铁及烙铁架如图 1-1-23 所示。

(a) 电烙铁　　　　　　　(b) 烙铁架

图 1-1-23　常见电烙铁及烙铁架

使用电烙铁的注意事项：

（1）根据焊接对象合理选用不同类型的电烙铁。如果功率过大，既浪费电力，又易烙坏元件；如果功率过小，又会因热量不够影响焊接质量。

（2）电烙铁用毕，要随时拔去电源插头，以节约电力，延长使用寿命。

（3）在导电地面使用时，电烙铁的金属外壳必须妥善接地，以防漏电时触电。

（4）使用过程中不要任意敲击电烙铁头以免损坏。内热式电烙铁连接杆钢管壁厚度只有 0.2 mm，不能用钳子夹，以免损坏。

（5）在使用过程中应经常维护，保证烙铁头挂上一层薄锡。

1.1.7 吸锡器

吸锡器是一种修理电器用的工具，收集拆卸焊盘电子元件时熔化的焊锡，有手动、电动两种，如图 1-1-24 所示。

(a) 手动吸锡器

(b) 电动吸锡器

图 1-1-24　吸锡器

1. 吸锡器使用步骤

（1）先把吸锡器活塞向下压至卡住。
（2）用电烙铁加热焊点至焊料熔化。
（3）移开电烙铁的同时，迅速把吸锡器贴上焊点，并按动吸锡器按钮。
（4）一次吸不干净，可重复操作多次。

2. 吸锡器拆卸集成块

1）吸锡器吸锡拆卸法

使用吸锡器拆卸集成块，这是一种常用的专业方法，使用工具为普通吸、焊两用电烙铁，功率在 35 W 以上。拆卸集成块时，只要将加热后的两用电烙铁头放在要拆卸的集成块引脚上，待焊点锡熔化后被吸入吸锡器内，全部引脚的焊锡吸完后集成块即可拿掉。

2）其他几种焊盘拆焊方法

调试、维修或焊接错误等情况下，都需要对元器件进行更换。在更换元器件时，就需要拆焊。拆焊的方法不当，往往会造成元器件的损坏、印制导线的断裂，甚至焊盘的脱落。尤其是在更换集成电路块时，就更加困难。

（1）用吸锡器进行拆焊。

首先将吸锡器里面的气压出并卡住，其次将被拆的焊点加热，使焊料熔化，再次把吸锡器的吸嘴对准熔化的焊料，最后按一下吸锡器上的小凸点，焊料就被吸进吸锡器内。

（2）用吸锡电烙铁（电热吸锡器）拆焊。

吸锡电烙铁也是一种专用拆焊烙铁，它能在对焊点加热的同时，把锡吸入内腔，从而完成拆焊。拆焊是一件细致的工作，不能马虎从事，否则将造成元器件的损坏、印制导线的断裂和焊盘的脱落等，产生不应有的损失。

（3）用吸锡带（铜编织线）进行拆焊。

将吸锡带前端蘸上松香，放在将要拆焊的焊点上，再把电烙铁放在吸锡带上加热焊点，待焊锡熔化后，就被吸锡带吸去。如果焊点上的焊料一次没有被吸完，可重复操作，直到吸完。将吸锡带吸满焊料的部分剪去。

3. 吸锡器使用技巧

（1）要确保吸锡器活塞密封良好。通电前，用手指堵住吸锡器头的小孔，按下按钮，如活塞不易弹出到位，说明密封是好的。
（2）吸锡器头的孔径有不同尺寸，要选择合适的规格使用。
（3）吸锡器头用旧后，要适时更换新的。
（4）接触焊点以前，每次都蘸一点松香，改善焊锡的流动性。
（5）头部接触焊点的时间稍长些，当焊锡熔化后，以焊点针脚为中心，手向外按顺时针方向画一个圆圈之后，再按动吸锡器按钮。

1.1.8 拉具

拉具又称为虎子、拉模、拉扒或拉盘，分为两爪和三爪两种，如图 1-1-25 和图 1-1-26 所示。

图 1-1-25 两爪拉具   图 1-1-26 三爪拉具

使用时，用爪钩抓住工件的内圈，顶杆轴心与工件轴心线重合，旋动螺杆顶端即可拆下工件。它具有操作轻便、快速、平衡、起拔力大等优点，特别适用于轴承与内轴盖等间隙特别小的场合。同时，也可用于外径在其范围内的短圆柱体齿轮、联轴器、皮带轮的拆卸。

1.1.9 冲击钻

冲击钻也称为冲击电钻，是一种旋转带冲击的钻孔工具，外形如图 1-1-27 所示。普通手电钻外形如图 1-1-28 所示。

图 1-1-27 冲击钻

图 1-1-28 手电钻

使用冲击钻的注意事项:

(1) 冲击钻应定期检查和保养,长期不用的电钻,使用前应用 500 V 的兆欧表测量绝缘电阻,其值不得小于 0.5 MΩ。

(2) 一般场所电压的安全值为 36 V,如果电压超过安全值,非双重绝缘,并且冲击钻带有金属外壳,使用时必须具有防触电措施。

(3) 有的冲击钻可调节转速,有双速和三速之分,在调速或调挡时,均应停转。

(4) 用冲击钻开凿墙孔时,需配用专用的冲击钻头,其规格按所需孔径选配,常用的有 8 mm、10 mm、12 mm、16 mm 等多种。

(5) 在冲钻墙孔时,应经常把钻头拔出,以利排屑。

(6) 在钢筋混凝土建筑物上钻孔时,遇到坚实物不应施加过大压力,要防止冲击钻电机过载及钻头退火。

(7) 冲击钻因故突然堵转时,必须立即切断电源。

1.1.10 转速表

转速表可用来测定电动机转轴旋转的速度,也可用来测定负载端机械轮的转速,如图 1-1-29 所示。

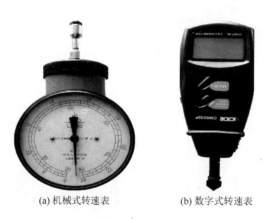

(a) 机械式转速表   (b) 数字式转速表

图 1-1-29 转速表

转速表使用的注意事项:

(1) 在使用利用离心力原理的机械式转速表测电动机转轴的转速之前,应先用眼睛观察电动机的转速,大致判断其速度。

(2) 应把转速表的调速盘转到所要测的转速范围内。在没有把握判断电动机转速时,可把调速盘调到高位观察,大致确定转速后,再调到合适的低挡,使测试结果准确。如果需要换挡,必须等转速表停转后再换,以免损坏表的内部机构。

(3) 测量转速时,应将转速表的测量轴与被测轴轻轻接触,并逐渐增加接触力。

(4) 测试时,手持转速表要保持平衡,且转速表测试轴与电动机转轴保持同心,直到测试指针稳定时再记录数据。

1.1.11 绕线机

绕线机主要用来绕制电动机的绕组、低压电器的线圈和小型变压器的线圈。常用的有手摇绕线机、手摇/电动两用绕线机和数控绕线机三种。常用的几种绕线机如图 1-1-30 所示。

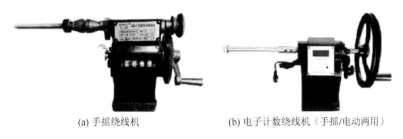

(a) 手摇绕线机   (b) 电子计数绕线机（手摇/电动两用）

(c) 数控绕线机

图 1-1-30 绕线机

1．手摇绕线机

手摇绕线机使用的注意事项：
（1）使用时要把绕线机固定在操作台上。
（2）绕制线圈时要记录开始时指针所指示的匝数，并在绕制后减去该匝数。

2．电动绕线机

电动绕线机具有可逆计数和脚踏三挡调速等特点，适用于变压器及各种线圈的绕制，是手摇绕线机的升级换代产品。
电动绕线机的使用方法：
（1）使用前，应先检查接插件是否完好，然后插上电源，打开电源开关，这时数码显示器点亮，并显示出断电前的残留数。
（2）按清零键，使数码显示器全部为零，踩下脚踏板就能工作，到设定圈数后，松开脚踏板即停机。按下清零键，计数值即复零，再踩下脚踏板，即可进入下一轮工作。

3. 数控绕线机

数控绕线机的使用及其注意事项:

(1) 应把数控绕线机放在较固定的木板工作台上,绕线机底板上有 4 个固定孔,用于将绕线机安装在工作台上。因为数控绕线机转速高,不能有过大震动,否则,长期使用可能会造成绕线机内部元件的焊接点松动,线路不通或电子元件损坏,出现不显示等故障。

(2) 应把绕线轴安装在绕线机主轴上,并拧紧固定螺栓,检查绕线轴是否有弯曲,如果有弯曲,要进行调整或更换。

(3) 在运行前,应先预置绕线匝数,再按复零按钮(见到 5 位数显示 00000 时,方可按启动按钮运行),绕到预置匝数后会停机刹车,以后每一只线圈绕线完毕,按启动按钮计数器就会自动复零,如需中途停车可按暂停按钮。

(4) 复位按钮的作用是未绕足预置匝数时,需清零则按此按钮。

(5) 脚踏开关的功能与启动/暂停按钮相同。

1.2　常用电工仪表及使用

凡是将被测电量或磁量与作为测量单位的同类电量或磁量进行比较,来确定电量或磁量的过程,称为电工测量。而测量电量或磁量所用的仪器仪表统称为电工仪表。

1.2.1　电工仪表的基本知识

1. 电工仪表的分类

电工仪表是测量各种电磁量的仪表仪器的统称,品种规格繁多,分类方法也各异。按仪表的结构和用途大致可分为以下几类。

1) 指示仪表

指示仪表又称为直读仪表,各种交直流电流表、电压表、功率表、万用表多是电气测量指示仪表。这种仪表的特点是先将被测电磁量转换为可动部分的角位移,然后通过可动部分的指针在标尺上的位置直接读出被测量的值。指示仪表又可以分为以下几种类型。

(1) 按工作原理分类。

指示仪表可分为磁电系、电磁系、电动系、感应系、静电系、整流系等。

(2) 按被测电工量分类。

指示仪表有电流表、电压表、功率表、电能表、相位表、频率表、绝缘电阻表等。

(3) 按工作电流性质分类。

指示仪表有直流仪表、交流仪表和交直流两用仪表等。

(4) 按使用方式分类。

指示仪表可分为安装式仪表、便携式仪表。

（5）按准确度等级分类。

指示仪表可分为 0.1、0.2、0.5、1.0、1.5、2.5、5.0 七级。

（6）按仪表防御外界磁场或电场影响的性能分类。

指示仪表可分为 Ⅰ、Ⅱ、Ⅲ、Ⅳ 四个等级。

（7）按外壳防护性能分类。

指示仪表可分为普通式、防尘式、防溅式、防水式、水密式、气密式、隔爆式七种。

（8）按读数装置分类。

指示仪表可分为指针式、光指示式、振簧式等。

（9）按使用环境条件分类。

指示仪表有 A、B、C 三组类型的仪表。

此外，还可按其他方式进行分类。

2）比较式仪表

比较式仪表用于比较法测量中。它包括各类交直流电桥、电位差计等。

3）数字式仪表和巡回检测装置

数字式仪表是以逻辑控制来实现自动测量，并以数码形式直接显示测量结果的仪表，如数字万用表、数字钳形表、数字兆欧表等。

数字式仪表加上遥测控制系统就构成了巡回检测装置，可以实现对多种被测量的远距离测量，近年来这类仪表得到了迅速的发展和应用。

4）记录仪表和示波器

记录仪表和示波器是一种能测量与记录被测量随时间变化的仪表。例如，X-Y 记录仪就是一种记录仪器。而电子示波器则能够把波形变化的全貌显示出来，不但可以从中进行定性观察分析，而且可以对显示的波形进行定量测量。

5）扩大量程装置和变换器

用以实现同一电量的变换，并能扩大仪表量程的装置，称为扩大量程装置，包括分流器、附加电阻、电流互感器和电压互感器等。

用来实现不同电量之间的变换，或将非电量转换成电量的装置，称为变换器。在各种非电量的电测量和变换器式仪表中，变换器都是必不可少的。

尽管电工仪表种类繁多，但应用最广、数量最大的是指示仪表，船舶常用的电工仪表就是指示仪表。

2. 指示仪表的组成

指示仪表的结构如图 1-2-1 所示，从图上可以看出，整个指示仪表可以分为测量线路和测量机构两个部分。

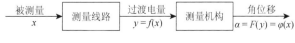

图 1-2-1　指示仪表的结构

测量线路的作用是把被测量 x 转换为测量机构可以接受的过渡量 y（如转换为电流）；然后，再通过测量机构把过渡量 y 转换为指针的角位移 α。因为测量线路中的 x 和 y，测量机构中的 y 和 α，能够严格保持一定的函数关系，所以可以根据角位移 α 的值，直接读出被测量 x 的值。

测量机构是电气测量指示仪表的核心，没有测量机构就不能称为指示仪表。而测量线路则根据被测对象的不同而有不同的配置，如果被测对象可以直接为测量机构所接受，也可以不配置测量线路。例如，变换式仪表就是用磁电系仪表作为测量机构，无论是功率表、频率表，还是相位表，都用相同的测量机构作为表芯，然后配上不同的变换器（即测量线路），以达到测量不同被测量的目的。

3. 电工仪表的图形符号

电工仪表的表面有各种标记符号，以表明它的基本技术特性。根据国家规定，每一只仪表应有测量对象的电流种类、单位、工作原理的系别、准确度、工作位置、外界工作条件、绝缘强度、仪表型号及额定值等标志。常见的表面标记符号的意义如表 1-2-1～表 1-2-4 所示。

表 1-2-1　仪表工作原理的图形符号

名称	符号	名称	符号
磁电系仪表		感应系仪表	
磁电系比率表		感应系比率表	
电磁系仪表		磁感应系仪表	
电磁系比率表		静电系仪表	
电动系仪表		振簧系仪表	
电动系比率表		热线系仪表	
铁磁电动系仪表		双金属系仪表	
铁磁电动系比率表		热电系仪表	
动磁系仪表		整流系仪表	
动磁系比率表			

表 1-2-2　电流种类及不同额定值标注的符号

符号	意义
——	表示直流仪表
∼	表示单相交流仪表
≈	表示交直流两用仪表
≋	具有单元件的三相平衡负载，交流
≋	具有两元件的三相不平衡负载，交流
≋	具有三元件的三相四线不平衡负载，交流
500 Hz	额定值（以频率为例）
45～65 Hz	额定范围（以频率为例）
15～25℃	额定范围（以温度为例）
$\dfrac{20-50-120}{Hz}$	额定值（50 Hz）和扩大范围（20～120 Hz）
$\dfrac{45-65}{\sim 500\,Hz}$	额定范围（45～65 Hz）和扩大范围（500 Hz）
$U_{max}=1.5U_N$	最大容许电压为额定值的 1.5 倍
$I_{max}=2I_N$	最大容许电流为额定值的 2 倍
$U_{max}=380\,V$	最大容许电压为 380 V
$I_{max}=10\,A$	最大容许电流为 10 A
R_d	表示该仪表配用专用定值导线，用于直流电流表和分流器之间定值连接导线。例如，$R_d=0.14\,\Omega$ 表示电流表和分流器之间配用专用导线的电阻为 0.14 Ω
$r_c=100\sim500\,\Omega$	外部临界电阻为 100～500 Ω
$\dfrac{I_1}{I_2}=\dfrac{500}{5}$	变流比，表示配用电流互感器的比值为 500 A∶5 A
$\dfrac{U_1}{U_2}=\dfrac{3000}{100}$	变压比，表示配用电压互感器的比值为 3000 V∶100 V

表 1-2-3　准确度、工作位置、绝缘强度及端钮的符号含义

名称	符号	意义
准确度	1.5	以标度尺上量限百分数表示的准确度等级，如 1.5 级
	⌄1.5	以标度尺长度百分数表示的准确度等级，如 1.5 级
	(1.5)	以指示值的百分数表示的准确度等级，如 1.5 级
工作位置	⊥	表示标度尺位置为垂直的
	⊓	表示标度尺位置为水平的
	/60°	表示标度尺位置与水平面倾斜成一角度，如 60°
	S➤N	表示该仪表沿地磁场方向放置的工作位置

续表

名称	符号	意义
绝缘强度	☆0	表示不进行绝缘强度实验
	☆	表示绝缘强度实验电压为 500 V
	☆2	表示绝缘强度实验电压为 2000 V
	☆5	表示绝缘强度实验电压为 5000 V
端钮	+	表示正端钮
	—	表示负端钮
	✳	表示公共端钮
	~	表示交流端钮
	⏚	表示接地用的端钮（螺钉或螺杆）
	⎍	表示与外壳相连接的端钮
	◯	表示与屏蔽相连接的端钮
	➹	表示与仪表可动线圈连接的端钮

表 1-2-4　仪表按外界工作条件分组的符号

名称	符号	条件
防外磁场	◠	表示 I 级防外磁场
	II	表示 II 级防外磁场
	III	表示 III 级防外磁场
	IV	表示 IV 级防外磁场
工作条件	A	温度 0～40℃，相对湿度 85%以下
	B	温度 -20～50℃，相对湿度 85%以下
	C	温度 -40～60℃，相对湿度 85%以下

4. 电工仪表型号

电工仪表的产品型号按有关规定的标准编制。开关板式与携带式仪表的型号编制是不同的。

1）开关板式仪表的型号组成

形状第一位代号：按仪表的面板形状最大尺寸编制。

形状第二位代号：按仪表的外壳形状尺寸编制。

系列代号：按仪表的工作原理编制，如 C 表示磁电系，T 表示电磁系，D 表示电动系，G 表示感应系，L 表示整流系。

例如，44C7-KA 型电流表，其中 44 为形状代号，可由产品目录查得其尺寸和安装开孔尺寸；C 表示磁电系仪表；7 为设计序号；KA 表示用于电流测量。

2）携带式仪表的型号组成

例如，T21-V 型电压表，其中 T 表示电磁系仪表；21 为设计序列；V 表示用于测量电压。

5. 电工仪表的误差和准确度

无论仪表的制造工艺多么完美，仪表的误差总是无法完全消除的。仪表的误差是指仪表的指示值与被测量真值之间的差异。而仪表的准确度是指仪表指示值与被测量真值之间的接近程度。可见仪表准确度越高，它的误差就越小。

1）电工仪表误差来源的两个方面

（1）基本误差。

仪表在规定条件，即在规定的温度、湿度、放置方式下，在没有外界电场和磁场干扰等时，由于制造工艺的限制，仪表本身所固有的误差称为基本误差。例如，摩擦误差、标尺刻度不准、轴承与轴间间隙造成的倾斜误差等都属于基本误差。

（2）附加误差。

仪表在规定的工作条件之外使用，如温度过高，波形非正弦，受外电场或外磁场的影响所引起的误差都属于附加误差。因此，仪表离开规定的工作条件形成的总误差中，除了基本误差之外，还包含有附加误差。

2）误差的表示方法

（1）绝对误差 Δ。

测量值 A_x 与被测量真值 A_0 之差，称为绝对误差 Δ，即

$$\Delta = A_x - A_0 \tag{1-2-1}$$

绝对误差的单位与被测量的单位相同。绝对误差的符号有正负之分，用绝对误差表示仪表误差的大小比较直观。

（2）相对误差 γ。

用绝对误差有时很难判断测量结果的准确程度。例如，用一个电压表测量 200 V 电压，绝对误差为 +1 V，而用另一个电压表测量 20 V 电压，绝对误差为 +0.5 V。前者的绝对误差大于后者，但误差值对测量结果的影响，后者却大于前者，因此衡量对测量结果的影响，通常要用相对误差。

相对误差等于绝对误差 Δ 与被测量真值 A_0 之比，并用百分数表示为

$$\gamma = \frac{\Delta}{A_0} \times 100\% \qquad (1\text{-}2\text{-}2)$$

由于测量值与真值相差不大，式（1-2-2）中的 A_0 可以用 A_x 代替，即相对误差表示为

$$\gamma = \frac{\Delta}{A_x} \times 100\% \qquad (1\text{-}2\text{-}3)$$

如果用相对误差表示上面两块电压表测量的结果，结果如下。

第一块电压表为

$$\gamma_1 = \frac{\Delta_1}{A_{x1}} \times 100\% = \frac{1}{200} \times 100\% = 0.5\% \qquad (1\text{-}2\text{-}4)$$

第二块电压表为

$$\gamma_2 = \frac{\Delta_2}{A_{x2}} \times 100\% = \frac{0.5}{20} \times 100\% = 2.5\% \qquad (1\text{-}2\text{-}5)$$

可见用第一块电压表测量的结果，绝对误差 Δ_1 比 Δ_2 大，但其相对误差 γ_1 却比 γ_2 小。因此，相对误差反映了测量结果的准确程度。

（3）引用误差 γ_m。

引用误差指的是用仪表表示值计算的相对误差。它是以某一刻度点读数的绝对误差 Δ 为分子，以仪表的上量限为分母，其比值称为引用误差，用 γ_m 表示，即

$$\gamma_m = \frac{\Delta}{A_m} \times 100\% \qquad (1\text{-}2\text{-}6)$$

这是一种简化的和比较实用的表示方法。说它简化，是因为无论读数为多少，分母都取仪表的上量限。这样在读数接近上量限时，它可以反映测量结果的相对误差，但在读数较小时，可能与实际测量结果的相对误差有较大的差别。说它实用，是因为引用误差可以用来确定仪表的准确度级别。

仪表的准确度决定于仪表本身的性能。通常仪表的绝对误差在仪表标尺的全长上基本保持恒定，而相对误差却随着被测量的减少逐渐增大，所以相对误差的数值并不能说明仪表的优劣，只能说明测量结果的准确程度。引用误差表达方式中的分子、分母是由仪表本身的性能所决定的，因此，这是一种判断仪表性能优劣比较简便的方法。

3）仪表的准确度

仪表各指示值的绝对误差有一些小差别，因此规定用最大引用误差表示仪表的准确度，即

$$K = \frac{|\Delta_{\mathrm{m}}|}{A_{\mathrm{m}}} \times 100\% \qquad (1\text{-}2\text{-}7)$$

式中：Δ_{m}——仪表的最大绝对误差；

K——仪表准确度；

A_{m}——仪表的量限。

K 的值表示仪表在规定使用条件下，允许的最大引用误差的百分数。仪表的准确度越高，最大引用误差越小，也就是基本误差越小。

仪表准确度分为七级，它们的基本误差在标尺工作部分的所有分度线上不应该超过表 1-2-5 的规定。

表 1-2-5　仪表的基本误差

仪表的准确度等级	0.1	0.2	0.5	1.0	1.5	2.5	5.0
基本误差/%	±0.1	±0.2	±0.5	±1.0	±1.5	±2.5	±5.0

1.2.2　磁电系、电磁系与电动系仪表

1. 磁电系仪表

测量机构是一切电工指示仪表的核心部分，其主要作用都是将被测电量变换成可动部分的偏转角，并使偏转角与被测量呈一定的比例关系。这样，偏转角的大小就可以反映出被测量的数值大小。磁电系测量机构当然也不例外。

由磁电系测量机构制成的仪表称为磁电系仪表。磁电系仪表在电工测量中占有极其重要的地位，应用十分广泛。

1）结构

磁电系测量机构是利用永久磁铁的磁场和载流线圈相互作用的原理制成的。它主要由固定的磁路系统和可动部分组成。图 1-2-2（a）所示是磁电系测量机构的基本结构。

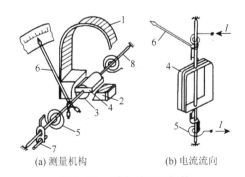

(a) 测量机构　　　(b) 电流流向

图 1-2-2　磁电系测量机构

1—永久磁铁；2—半圆筒形极掌；3—圆柱形铁心；4—可动线圈；5—游丝；6—指针；7—校正器；8—转轴

（1）磁路系统。

固定的磁路系统包括磁性很强的蹄形永久磁铁 1，固定在磁铁两极的半圆筒形极掌 2，以及处于两个极掌之间的圆柱形铁心 3。圆柱形铁心固定在仪表的支架上，它与极掌之间有一定的空气隙。空气隙中形成大小相等并呈辐射状的强磁场，可动线圈可以在气隙中转动，极掌和圆柱形铁心都是由软磁性材料制成的。

（2）可动部分。

可动部分由位于圆柱形铁心外面的可动线圈 4、绕向相反的两个游丝 5、指针 6 及校正器 7 等组成。可动线圈 4 由很细的绝缘铜线绕在矩形铝框上，铝框和指针都固定在转轴 8 上。转轴分成前后两部分，每个转轴的一端固定在可动线圈铝框上，另一端则通过轴尖支承在支架的宝石轴承中，因此，当绕有线圈的矩形铝框转动时，便带动指针偏转。两个游丝的一端也固定在转轴上，并与可动线圈相接，而另一端则分别固定在支架上。游丝一方面用来产生反作用力矩，另一方面起着电流的引线作用，即被测电流 I 从一个游丝进入线圈，从另一个游丝流出，如图 1-2-2（b）所示。两个游丝的绕向之所以相反，是因为物体具有热胀冷缩的现象，将两个游丝螺旋装成反向后，当温度变化时，两个游丝所产生的附加力矩相反，于是可起到温度补偿作用。此外，还可减弱游丝弹簧的疲劳老化程度。校正器是用来校正零位的。

可动的铝框除了用来绕制线圈外，还用来产生阻尼力矩，如图 1-2-3 所示。

假设矩形铝框转动前，其平面与磁感应强度 B 的方向垂直。又假设线圈通电后铝框做顺时针转动，使 DE 边和 CF 边分别做切割磁力线运动，于是闭合的铝框中便产生感应电流 i_e，其方向如图 1-2-3 所示。该电流又与气隙中的磁场相互作用，从而产生一个力矩 M_e，这个力矩称为阻尼力矩。由左手定则知，阻尼力矩的方向总是与铝框架的转动方向相反，使铝框出现逆时针方向转动的趋势。同样道理，如果铝框做逆时针方向转动，也会产生一个与其方向相反的阻尼力矩。正是这个伴随着铝框转动而产生的阻尼力矩阻止了矩形铝框地来回摆动，促使其尽快停止下来，从而带动指针也迅速停止，以便能较快地进行读数。

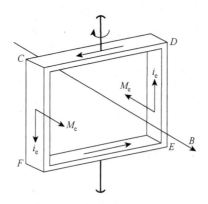

图 1-2-3　铝框架的阻尼作用图

为了增大阻尼作用，有的还在可动线圈中专门绕几匝短路线圈，还有的在可动线圈的铝框上冲一些圆孔，以减小阻尼系数，保证仪表的阻尼时间在规定范围内。铝框上冲些圆孔还可减轻可动部分的重量，减小可动线圈的运动惯性，利于线圈迅速停止，另外还可延长轴承寿命。

整个测量机构装在一个由电木或塑料等材料制成的外壳内，统称为表头。

顺便指出，图1-2-2所示的是外磁式磁电系测量机构。除此之外，还有内磁式和内外磁式两种磁电系测量机构。与外磁式不同的是，内磁式测量机构的永久磁铁不在线圈外面，而是在可动线圈的里面，即原来的圆柱形铁心换成了一个永久磁铁，而其余部分的磁路换成了软磁材料。内外磁式测量机构是在可动线圈的内外都有永久磁铁，磁场更强，可使仪表的结构更为紧凑。三种结构不同，但工作原理相同。

2）工作原理

磁电系测量机构的基本原理是利用可动线圈中的电流与气隙中磁场的相互作用产生电磁力，可动线圈在力矩的作用下发生偏转，这个力矩称为转动力矩。可动线圈的转动使游丝产生反作用力矩，当反作用力矩与转动力矩相等时，可动线圈将停留在某一位置上，指针也相应停留在某一角度上，而这个角度的大小是与电流I成正比的。

3）技术特性

（1）准确度高。

（2）灵敏度高，仪表消耗的功率很小。

（3）表盘标度尺的刻度均匀，便于读数。

（4）过载能力小。

（5）只能测量直流电。

4）应用

磁电系测量机构主要用于直流仪表，在直流标准表、便携式和安装式仪表中都得到广泛应用。磁电系测量机构的过渡电量是直流电流，只要把被测电量通过测量线路，按一定关系变换为直流电流，就可以用它来构成不同功能、不同量限的仪表。例如，万用表的交流电压挡，就是利用二极管整流电路，把交流电压变换为直流电流，对交流电压进行测量的。另外，磁电系测量机构配上变换器，可以用于交流功率或频率、相位等非电量的测量；配热电偶，可以测量温度；配上应变电阻片，可以测量压力等。磁电系测量机构的应用十分广泛，所以它在电工仪表中占有十分重要的地位。

2. 电磁系仪表

磁电系测量机构的转动力矩，是由永久磁铁的磁场和通有直流电流的可转动线圈相互作用产生的。而电磁系测量机构的转动力矩是由固定的通电线圈和被它磁化了的可动铁片间的相互作用产生的。电磁系测量机构主要有吸引型、排斥型和排斥-吸引型三种。

1）结构

（1）扁线圈吸引型测量机构。

扁线圈吸引型测量机构的结构图如图1-2-4所示。

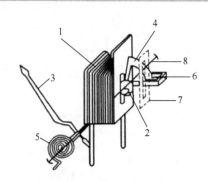

图 1-2-4   扁线圈吸引型测量机构

1—固定扁线圈；2—可动铁片；3—指针；4—扇形阻尼片；5—游丝；6—永久磁铁；7—磁屏；8—转轴

　　它由固定扁线圈 1 和偏心地装在转轴 8 上的可动铁片 2 共同构成一个电磁系统。扁线圈的中间有一条窄缝，可动铁片可以转入此窄缝内。转轴上还装有指针 3、扇形阻尼片 4、产生反作用力矩的游丝 5。与磁电系测量机构不同的是，游丝中不通过电流。扇形阻尼片 4 可以在永久磁铁 6 的气隙中转动，它们共同构成了磁感应阻尼器。为了防止线圈受到永久磁铁的影响，在永久磁铁前加了一块钢质的磁屏 7。

　　扁线圈通电后产生的磁场能将偏心铁片吸入，使可动部分产生偏转。因此，称这种测量机构为扁线圈吸引型测量机构。

　　（2）圆线圈排斥型测量机构。

　　圆线圈排斥型测量机构的结构图如图 1-2-5 所示。

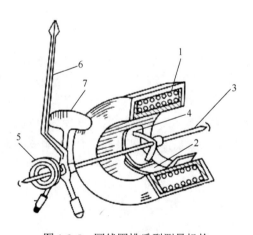

图 1-2-5   圆线圈排斥型测量机构

1—固定线圈；2—固定铁片；3—转轴；4—可动铁片；5—游丝；6—指针；7—阻尼器的翼片

　　它也由固定部分和可动部分组成。固定部分包括固定线圈 1 和位于线圈里侧的固定铁片 2。可动部分包括固定在转轴 3 上的可动铁片 4、游丝 5 和指针 6。图 1-2-5 中 7 为一固定在转轴上的空气阻尼器的翼片，它放置在不完全封闭的扇形阻尼箱内（图中未画出）。当指针在平衡位置摆动时，通过转轴带动阻尼器的翼片在阻尼箱内摆动，由于箱内空气对翼片的摆动起阻碍作用，摆动很快停止，指针平稳地指在标度尺的某一数值上。

（3）排斥-吸引型测量机构。

排斥-吸引型测量机构的结构图如图 1-2-6 所示。

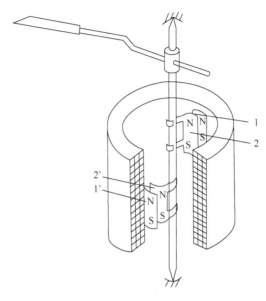

图 1-2-6　排斥-吸引型测量机构
1、1'—固定铁心；2、2'—可动铁心

排斥-吸引型测量机构与排斥型的主要区别在于线圈内壁装有两个固定铁心 1、1'，同样在转轴上也装了两个可动铁心 2、2'，两组铁心分别位于轴心相对两侧。

当线圈通过电流时，两组铁心同时被磁化，这时 1 与 2 间，1' 与 2' 间，因极性相同产生排斥，随着偏转角增加，这种排斥力逐渐减弱。但由于 1 与 2' 靠近，1' 与 2 靠近，它们之间因排列位置关系，极性相异，相互间存在吸引力，而且新引力逐渐增强。使得指针因排斥力和吸引力的共同作用构成了转动力矩。这种形式多用于交流广角度仪表，因为它的转动力矩大，而且不会因为偏转角增大而影响转动力矩。但由于这种结构铁心增多，所以磁滞误差较大。

2）工作原理

无论哪种结构形式的电磁系测量机构，都是由通过固定线圈的电流产生磁场的，使处于该磁场中的铁片磁化，从而产生转动力矩。它与磁电系测量机构的主要区别是：它的磁场是由线圈产生的，而磁电系测量机构则是由永久磁铁产生的。

电磁系测量机构指针的偏转角与被测电流值的平方有关。当被测电流为交流电流时，其指针的偏转角与被测交流电流有效值的平方有关。

3）技术特性

（1）电磁系测量机构的结构简单，过载能力强。

（2）能够交直流两用。

（3）准确度较低。

（4）灵敏度较低。

（5）工作频率范围不大。

（6）易受外界影响。

4）应用

电磁系仪表虽然有不少缺点，但由于它有结构简单、过载能力强、价格便宜等独特的优点，得到了广泛的应用。目前，电磁系测量机构主要用于制成电流表、电压表，特别是安装式交流电流表、电压表。此外，还可将电磁系测量机构做成测量电容、相位、频率等的电磁系比率表，但精度较低。

3. 电动系仪表

磁电系测量机构是利用永久磁铁产生的磁场与可动的通电线圈相互作用产生转动力矩的；电磁系测量机构是由固定的通电线圈产生的磁场与可动铁片之间的相互作用产生转动力矩的。而电动系测量机构则是利用两个通电线圈之间的电磁力来产生转动力矩的，这是与前面两种测量机构截然不同的地方。

1）结构

电动系测量机构的基本结构如图 1-2-7 所示。

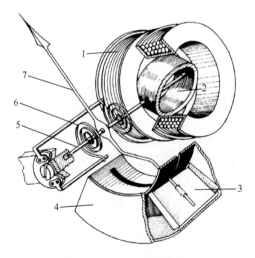

图 1-2-7　电动系测量机构

1—固定线圈；2—可动线圈；3—阻尼片；4—空气阻尼器密闭箱；5—转轴；6—游丝；7—指针

固定线圈（简称定圈）分为平行排列、互相对称的两部分，中间留有间隙，以便使转轴可以穿过。这种结构可以获得均匀的工作磁场，并可借助于定圈之间连接方式（串联或并联）的改变得到不同的电流量限。可动部分包括套在定圈中心的可动线圈（简称动圈）、指针及空气阻尼器的阻尼片等，它们都固定在转轴上，游丝用来产生反作用力矩，同时作为动圈电流的引入、引出元件。电动系测量机构多不采用磁感应阻尼器,以防止其漏磁对线圈工作磁场的影响。

2）工作原理

磁电系仪表的磁场是由永久磁铁产生的,如果利用通有电流的固定线圈去代替永久磁铁,并与可动线圈中的电流相互作用,便构成了电动系仪表。显然,电动系仪表中的磁场,是电流通过固定线圈在固定线圈中建立的。这个磁场作用于可动部分中的载流动圈产生转动力矩,这个转动力矩的大小与两个线圈中的电流大小有关,且两个线圈中的电流可以是交流,也可以是直流。

3）技术特性

（1）准确度高。

（2）可以交直流两用。

（3）能够构成多种线路,测量多种参数,如电压、电流、功率、频率和相位差等。

（4）易受外磁场影响。

（5）仪表本身消耗的功率较大。

（6）过载能力小。

（7）电动系电流表、电压表的标度尺刻度不均匀,但功率表的标度尺刻度均匀。

4）应用

电动系仪表的用途广泛,它除了可以做成交直流两用的准确度较高的电流表、电压表以外,还可以做成测量功率用的功率表、测量相位和频率用的电动系相位表及频率表。

1.2.3　电流表和电压表

电流和电压的测量是电工电子技术中最基本的测量,相对于其他仪表,电流表和电压表的使用相对简单,但它却是学习其他各类仪表的基础,本节主要介绍电表的刻度盘、量程、读数和正确的接法。

1. 电流表

电流表是用来测量电路中电流强弱或方向的仪表。按所测量电流性质可分为直流电流表、交流电流表。按所测量范围可分为微安表（μA）、毫安表（mA）、安培表（A）和千安表（kA）。按其量程数可分为单量程电流表和多量程电流表。按固定安装式或便携式仪表分类还可分为板式电流表和便携式电流表。

1）直流电流表

测量直流电路中电流的仪表称为直流电流表。直流电流表的标度盘上标有"—"或"═"的符号。板式直流安培表如图1-2-8所示,便携式的多量程式直流安培表如图1-2-9所示。

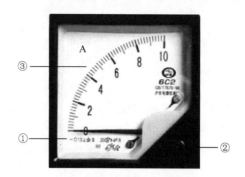

图 1-2-8　板式直流安培表

①板式直流安培表；②机械调零旋钮：未测量时，指针应对准刻度"0"，若未对准，则应用小改锥调整；
③刻度盘：满刻度为 10 A，每大格为 2 A，每小格为 0.2 A

图 1-2-9　多量程式直流安培表

①多量程式直流安培表；②接线柱：端子标有"+""−"极；③多量程：可以选择不同的量程挡

对于多量程的电流表，使用时应先使用大量程，逐步由大到小，直到合适的量程（使读数超过刻度的 2/3 或 1/2），且在改变量程时应停电，以防测量机构受到冲击。

直流电流表使用的注意事项：

（1）电流表必须和被测电路串联。

（2）直流电流表的正极应与电源的正极接线端子相连接，否则指针反转，极易损坏仪表。

（3）电流表的使用量程应为被测电流的 1.5～2 倍。

（4）为了不影响电路的工作状态，电流表的内阻应尽量小，被测的电流才能更接近实际值。

一般安培表的内阻在 0.1 Ω 以下，毫安表的内阻一般为几欧至 200 Ω，微安表的内阻一般为几百欧至 2000 Ω。

2）交流电流表

测量交流电路中电流的仪表称为交流电流表，其表面上标有"∼"的符号。低压交流电流表的接线方式，有直接接入和经电流互感器二次绕组接入两种。便携式交流毫安表如图 1-2-10 所示。

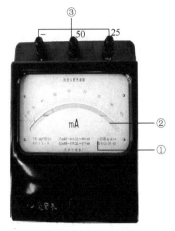

图 1-2-10 便携式交流毫安表

①便携式交流毫安表；②镜子：反射指针的像，视线垂直于刻度表，看到指针与镜中的像重合时读数，就可以减少由视差引起的误差；③接线柱：端子单标"－"极；④多量程：25 指的是满刻度为 25 mA，50 指的是满刻度为 50 mA

交流电流表使用的注意事项：

（1）交流电流表在小电流场合可以直接使用（一般指在 5 A 以下）。

（2）在大电流场合，一般安装式安培表都采用电流互感器与电流表配合使用来扩大量程。

（3）交流电流表使用时不考虑电流表的极性。

2. 电压表

电压表是用来测量电路中电压大小或方向的仪表。按所测量电压性质可分为直流电压表、交流电压表。按所测量范围的单位可分为毫伏表（mV）、伏特表（V）和千伏表（kV）。

1）直流电压表

测量直流电路中电压的仪表称为直流电压表。直流电压表的标度盘上标有"—"或" --- "的符号。

为了扩大电压表的使用量程，一般便携式直流电压表都做成多量程的，如图 1-2-11 所示。

2）交流电压表

测量交流电路中电压的仪表称为交流电压表，其表面上标有"～"的符号。

交流电压表按照供电系统电压等级和接线方式来分，可分为低压直接接入式和高压经电压互感器二次侧接入式两种。电力系统中，低电压主要是指三相四线制中的线电压（380 V）和相电压（220 V），通常用于测量线电压的电压表量程为 0～450 V，如图 1-2-12 所示，测量相电压的电压表量程为 0～250 V。测量高压的交流电压表，其盘面上表示的变压比应与所配用的电压互感器变比相同。

3）电压表使用的注意事项

（1）直流电压表测量时必须将其"＋"极性端钮接被测电路的高电位端，"－"极性端钮接被测电路的低电位端。不可接错，以免指针反转，损坏仪表。

（2）看清楚接线端钮量程（测量的上限值与下限值的差值）标记，根据被测电压的大小选择合适的量程。

图 1-2-11　便携式直流伏特表

①便携式直流伏特表。②接线柱：端子标有"+""–"极。③多量程：可以根据需要选择合适的量程挡。
当量程值不明确时，可从大量程开始，但换挡时要断开电源

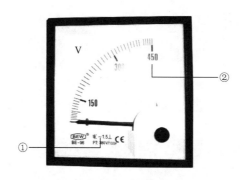

图 1-2-12　板式交流伏特表

①板式交流伏特表；②最大量程为 450 V

（3）若不能判断量程时，可先用大量程试测一下，再选更合适的量程。

（4）电压表与电路中的负载必须并联。

（5）电压表的内阻越大，测量误差就越小。电压表的等效内阻＝量程×每伏欧姆数。

（6）交流电压表使用时不考虑电压表的极性。

（7）当要用低量程的电压表去测量高电压时，由于通过线圈的电流过大，会损坏电压表。通常是利用交流电路的特性，采用电压互感器与电压表配合使用来扩大量程。

1.2.4　万用表

万用表也称多用表，它是一种多量程、多功能、便于携带的电工仪表。一般的万用表

可以用来测量直流电流、电压，交流电流、电压，电阻和音频电平等量，有的万用表还可以用来测量电容、电感及晶体二极管、三极管的某些参数等。按测量原理的不同，把万用表分为两大类，即传统的指针式万用表和新颖的数字式万用表。无论是指针式万用表还是数字式万用表都由指示装置、测量线路、转换开关及外壳等组成。指示装置用来指示被测量的数值；测量线路用来把各种被测量转换为用以驱动指示装置的直流微小电流；转换开关用来实现对不同测量线路的选择，以适合各种测量的要求。

下面以常用的 MF-47 型指针式万用表、UT-56 型数字式万用表为例，简要说明一下它们的结构和使用方法。

1. MF-47 型指针式万用表

指针式万用表是电工电子测量中应用最广泛的一种测量仪表。下面以常用的 MF-47 型指针式万用表为例，简要说明一下它的结构和使用方法。

MF-47 型指针式万用表的基本功能如下：

（1）测量电压、电流。

（2）测量电阻，象征性测量电容、电感。

（3）测量红外线。

（4）导通器。

（5）测量晶体管放大能力。

（6）估测放大器放大能力。

1）MF-47 型指针式万用表结构及面板说明

MF-47 型万用表面板图如图 1-2-13 所示，面板结构说明见表 1-2-6。

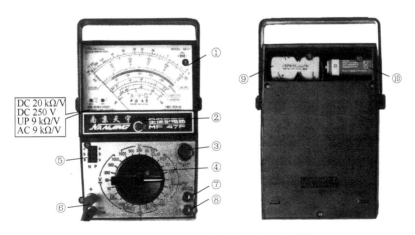

图 1-2-13　MF-47 型指针式万用表面板图

表 1-2-6　MF-47 型指针式万用表面板结构

图中标号	名称	图中标号	名称
①	表盘	③	欧姆调零旋钮
②	机械调零旋钮	④	挡位/量程选择开关

图中标号	名称	图中标号	名称
⑤	晶体管测试孔	⑧	大电流测试插孔
⑥	表笔插孔	⑨	1.5 V 电池
⑦	高压测试插孔	⑩	9 V 电池

MF-47 型指针式万用表的表盘如图 1-2-14 所示，表盘标度尺说明见表 1-2-7。

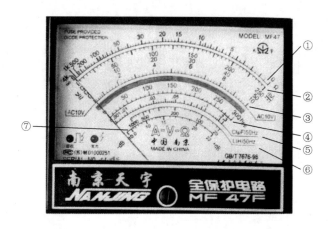

图 1-2-14　MF-47 型指针式万用表的表盘

表 1-2-7　MF-47 型指针式万用表表盘标度尺说明

对应标度尺号 （从上至下）	名称	说明
①	电阻标度尺	用 "Ω" 表示
②	直流电压、交流电压及直流电流共用标度尺	分别在标尺左右两侧用 "$\frac{V}{\sim}$" 和 "$\frac{mA}{-}$" 表示
③	10 V 交流电压标度尺	用 "AC10 V" 表示
④	晶体管共发射极直流电流放大系数标度尺	用 "h_{FE}" 表示
⑤	电容容量标度尺	用 "C（μF）50 Hz" 表示
⑥	电感量标度尺	用 "L（H）50 Hz" 表示
⑦	音频电平标度尺	用 "dB" 表示

2）MF-47 型指针式万用表的使用

MF-47 型指针式万用表可以通过拨动表盘下方的挡位/量程选择开关，选择不同的挡位进行不同电参数的选择。

第一，欧姆挡的使用。具体内容见表 1-2-8 所示。

表 1-2-8　欧姆挡的使用

项目	图示	说明
测量示范	 R_x	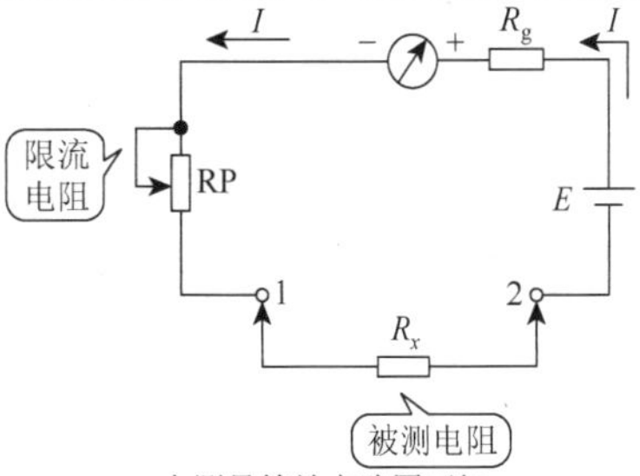 由测量等效电路图可知 $$I = \frac{E}{R_g + RP + R_x}$$ 在 E、RP、R_g 为常量时，回路电流随 R_x 的大小而发生改变，即指针偏转的角度随 R_x 的大小而改变，万用表即利用这一原理来测量电阻的阻值
机械调零		万用表在使用前应检查指针是否指在机械零位上，即指针在静止时是否指在电阻标度尺的"∞"刻度处，若不在，应用小螺丝刀左右调节机械调零旋钮，使指针的位置准确指在"∞"刻度处。 注意：在测量其他电参数时也需先进行机械调零操作
欧姆调零	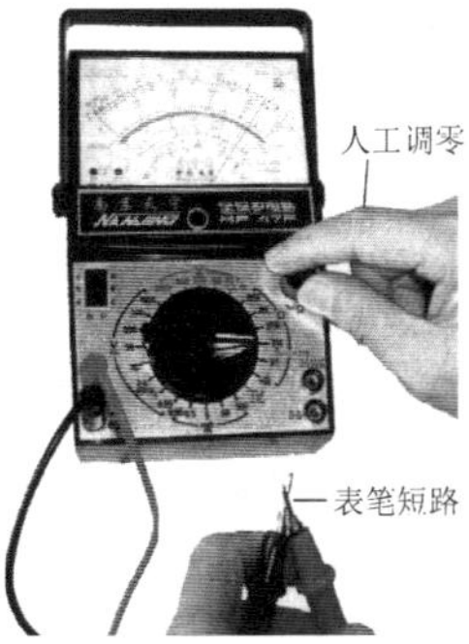 人工调零 ——表笔短路	当测量等效电路图中的 1、2 端被表笔短路时，$R_x = 0$，此时表头电流 I 达到最大，指针应达到满刻度偏转，若指针不能偏转到满刻度位置，则可通过调节欧姆调零旋钮调节表头的电流，使 $R_x = 0$ 时指针指示零点。 注意：每换一次挡位都需要重新进行欧姆调零，以减少测量误差；若调不到零点，多数原因是电池使用过久，此时应更换电池
量程选择开关		欧姆挡共分 5 挡，分别是"×1"挡、"×10"挡、"×100"挡、"×1 k"挡、"×10 k"挡，左图中选择的是"×1"挡

续表

项目	图示	说明
不同量程范围的读数方法		选择不同的量程范围，其读数的方法也不同，下面以左图中指示的"10.8"数值为例进行说明。 挡位对应电阻值 ×1 挡　　10.8 Ω ×10 挡　　10.8×10 Ω ×100 挡　　10.8×100 Ω ×1 k 挡　　10.8×1 kΩ ×10 k 挡　　10.8×10 kΩ
多挡欧姆表电路及等效电路	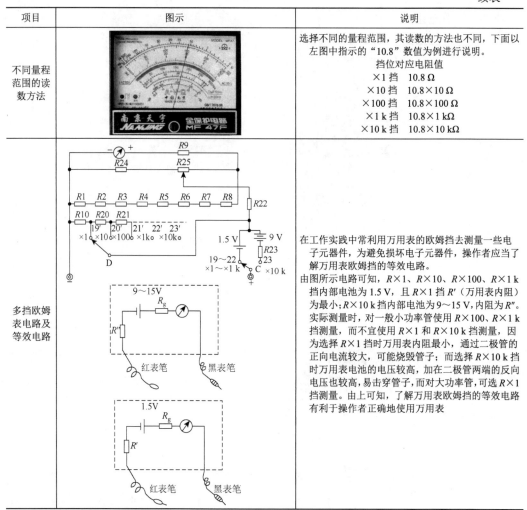	在工作实践中常利用万用表的欧姆挡去测量一些电子元器件，为避免损坏电子元器件，操作者应当了解万用表欧姆挡的等效电路。 由图所示电路可知，$R \times 1$、$R \times 10$、$R \times 100$、$R \times 1\,k$ 挡内部电池为 1.5 V，且 $R \times 1$ 挡 R'（万用表内阻）为最小；$R \times 10\,k$ 挡内部电池为 9～15 V，内阻为 R''。实际测量时，对一般小功率管使用 $R \times 100$、$R \times 1\,k$ 挡测量，而不宜使用 $R \times 1$ 和 $R \times 10\,k$ 挡测量，因为选择 $R \times 1$ 挡时万用表内阻最小，通过二极管的正向电流较大，可能烧毁管子；而选择 $R \times 10\,k$ 挡时万用表电池的电压较高，加在二极管两端的反向电压也较高，易击穿管子，而对大功率管，可选 $R \times 1$ 挡测量。由上可知，了解万用表欧姆挡的等效电路有利于操作者正确地使用万用表

万用表使用欧姆挡时注意事项：

（1）测量电阻时，被测电路不允许带电。否则，不仅测量结果不准确，而且很有可能烧坏表头。

（2）被测电阻不能有并联支路，否则其测量结果是被测电阻与并联支路并联后的等效电阻，而不是被测电阻的阻值。

（3）在测量电阻时，绝不能用手去接触表笔的金属部分，避免因人体电阻并联于被测电阻两端而造成不必要的误差。

（4）用欧姆挡测量晶体管参数时，考虑到晶体管所能承受的电压比较小和容许通过的电流较小，一般应选择 $R \times 10$ 或 $R \times 1\,k$ 的倍率挡。这是因为低倍率挡的内阻较小，电流较大；而高倍率的电池电压较高。因此，一般不适宜用低倍率挡或高倍率挡去测量晶体管的参数。另外，要引起注意的是，红表笔与表内电池的负极相连，而黑表笔与电池的正极相连。这一点与数字万用表是不同的。

（5）万用表欧姆挡不能直接测量微安表表头、检流计、标准电池等仪器仪表。在使用的间歇中，不能让两表笔短接，以免浪费电池。

第二，电压挡的使用。使用方法见表 1-2-9。

表 1-2-9　电压挡的使用

项目	图示及说明	
	直流电压挡	交流电压挡
测量示范	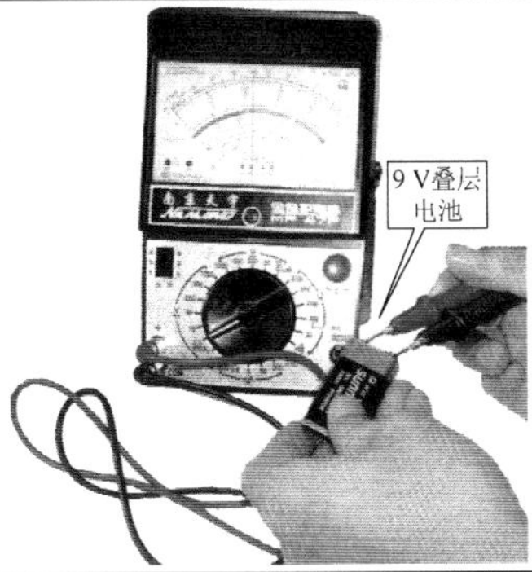	
多挡电压表电路模型	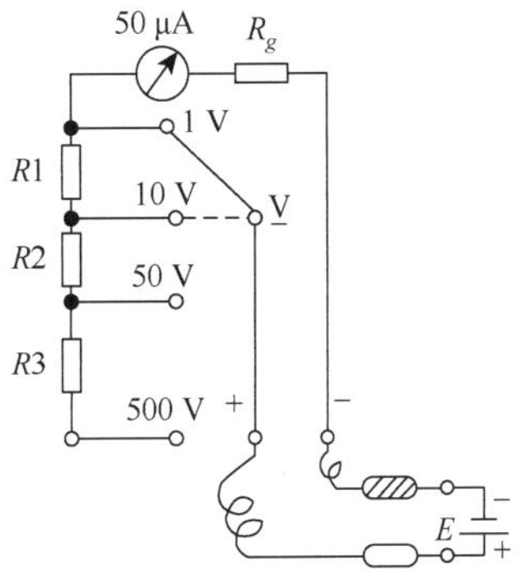 从图中可以看出，1 V 挡电压表的内阻为 R_g，10 V 挡的内阻是 $R1 + R_g$，50 V 挡的内阻是 $R1 + R2 + R_g$，依此类推，由此可知，随着电压挡位的提高，电压表的内阻逐渐增大	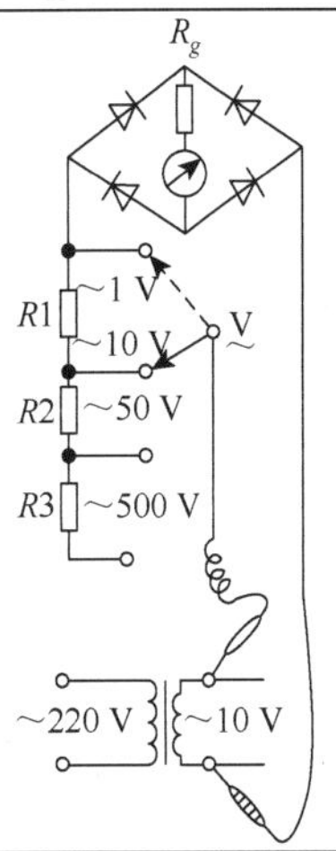
测量原理	一只量程为 1 V 的表头，被测电压值不能超过 1 V，否则指针偏转幅度会超出指示范围。而上图所示的多挡电压表实质上就是表内串联一系列适当的电阻（倍增电阻）进行降压，从而达到扩展电压量程的目的。改变倍增电阻的阻值，就能改变电压的测量范围	交流电压表与直流电压表的测量原理基本相同，只是交流电压表增加了整流电路
测量须知	①测量直流电压时，红表笔应接至高电位，黑表笔接至低电位。②测量交流电压时，表笔无所谓正负。③当选择交流 10 V 挡测量时，读数时查看第 3 条标度尺。④在测量高压（1000～2500 V）时，将红、黑表笔插在正确的插孔内测交流高压时，量程选择开关置于交流 1000 V 挡；测直流高压时，量程选择开关置于直流 1000 V 挡。读数时查看表盘第 2 条标度尺，满偏刻度为 2500 V 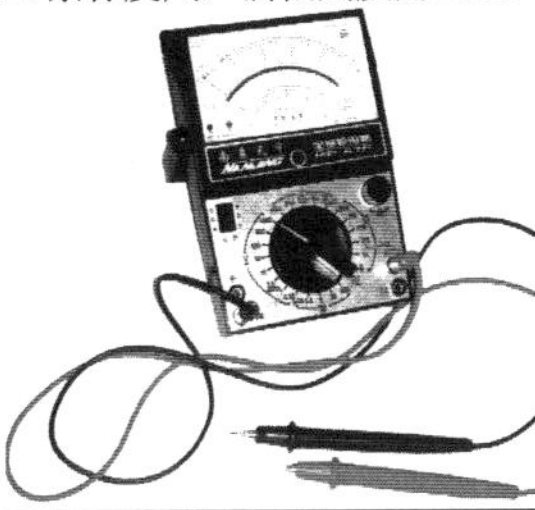	

使用万用表电压挡时注意事项：

（1）若无法估计被测电压的大小，则应先选择最高挡进行测量，再根据指针偏转情况，选择合适的挡位进行测量。

（2）在测量100 V以上的高压时，要养成单手操作的习惯，即先将黑表笔置电路零电位处，再单手持红表笔去碰触被测端，以保护人身安全。

（3）不允许带电转动转换开关，尤其是当测量高电压和大电流时，否则会在转换开关的刀和触点分离与接触的瞬间产生电弧，使刀和触点氧化甚至烧坏。

（4）测量叠加有交流电压的直流电压时，要充分考虑转换开关的最高耐压值，否则会因为电压幅度过大而使转换开关中的绝缘材料被击穿。

（5）万用表在用完之后，转换开关应放在交流电压的最大挡位或"OFF"挡。

第三，电流挡的使用。使用方法见表1-2-10。

表 1-2-10　电流挡的使用

项目	图示及说明
测量示范	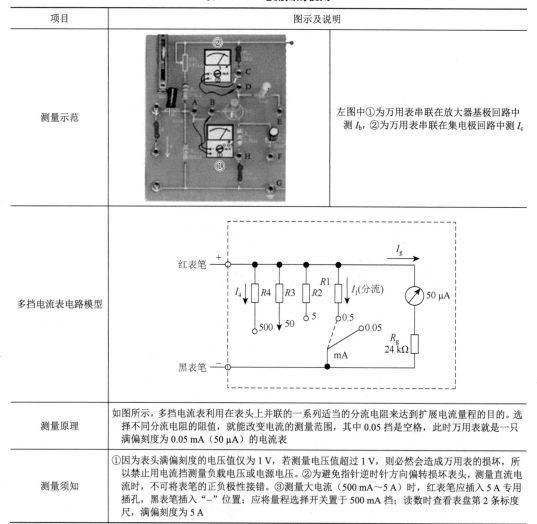 左图中①为万用表串联在放大器基极回路中测 I_b，②为万用表串联在集电极回路中测 I_c
多挡电流表电路模型	
测量原理	如图所示，多挡电流表利用在表头上并联的一系列适当的分流电阻来达到扩展电流量程的目的。选择不同分流电阻的阻值，就能改变电流的测量范围，其中0.05挡是空格，此时万用表就是一只满偏刻度为0.05 mA（50 μA）的电流表
测量须知	①因为表头满偏刻度的电压值仅为1 V，若测量电压值超过1 V，则必然会造成万用表的损坏，所以禁止用电流挡测量负载电压或电源电压。②为避免指针逆时针方向偏转损坏表头，测量直流电流时，不可将表笔的正负极性接错。③测量大电流（500 mA～5 A）时，红表笔应插入5 A专用插孔，黑表笔插入"–"位置；应将量程选择开关置于500 mA挡；读数时查看表盘第2条标度尺，满偏刻度为5 A

使用万用表电流挡时注意事项：

（1）在测量前若不能估计被测电流的大小，则应先用最高电流挡进行测量，然后根据指针指示情况选择合适的挡位来测试，以免指针偏转过度而损坏表头。

（2）变换挡位操作应断电进行，不得带电操作。

第四，万用表的其他功能。MF-47 型万用表的其他功能使用方法见表 1-2-11。

表 1-2-11　MF-47 型万用表的其他功能

项目	图示	说明
红外线测量	 发光管　量程开关置于几挡	万用表内设红外接收电路，当接收到遥控器发射的脉冲信号后，表盘中发光管的红灯闪烁，这种功能称为红外线数据测量，一般用来简单判断遥控器（空调遥控器、彩色电视机遥控器等）工作是否正常
通路蜂鸣器提示测量	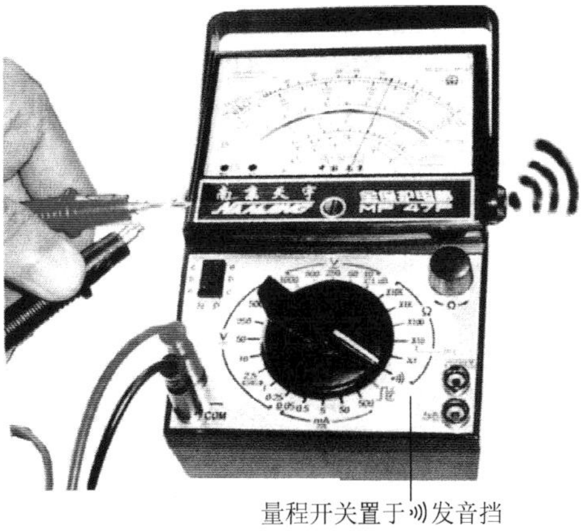 量程开关置于)))发音挡	两表笔相碰，当电路处于通路状态时，表中附带的蜂鸣器发出蜂鸣声，维修者常利用此功能来快速检查导线、开关、触点和保险丝的通断
晶体管放大参数（h_{FE}）测量	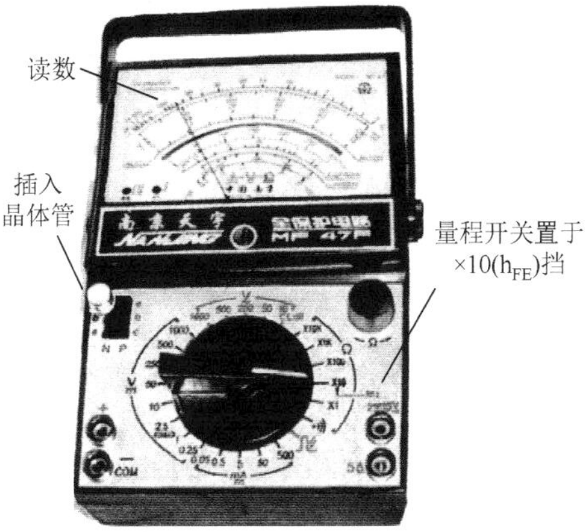 读数　插入晶体管　量程开关置于 ×10(h_{FE})挡	按插孔提示的要求插入晶体管，可从表盘第 4 条标度尺直接读数

续表

项目	图示	说明
音频电平（dB）测量	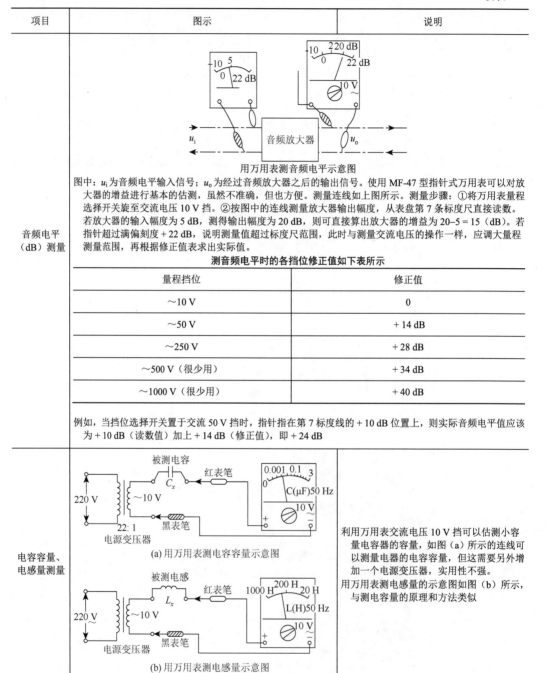 用万用表测音频电平示意图 图中：u_i为音频电平输入信号；u_o为经过音频放大器之后的输出信号。使用 MF-47 型指针式万用表可以对放大器的增益进行基本的估测，虽然不准确，但也方便。测量连线如上图所示。测量步骤：①将万用表量程选择开关旋至交流电压 10 V 挡。②按图中的连线测量放大器输出幅度，从表盘第 7 条标度尺直接读数。若放大器的输入幅度为 5 dB，测得输出幅度为 20 dB，则可直接算出放大器的增益为 20–5＝15（dB）。若指针超过满偏刻度＋22 dB，说明测量值超过标度尺范围，此时与测量交流电压的操作一样，应调大量程测量范围，再根据修正值表求出实际值。 **测音频电平时的各挡位修正值如下表所示** |量程挡位|修正值| |～10 V|0| |～50 V|＋14 dB| |～250 V|＋28 dB| |～500 V（很少用）|＋34 dB| |～1000 V（很少用）|＋40 dB| 例如，当挡位选择开关置于交流 50 V 挡时，指针指在第 7 标度线的＋10 dB 位置上，则实际音频电平值应该为＋10 dB（读数值）加上＋14 dB（修正值），即＋24 dB	
电容容量、电感量测量	(a) 用万用表测电容容量示意图 (b) 用万用表测电感量示意图	利用万用表交流电压 10 V 挡可以估测小容量电容器的容量，如图（a）所示的连线可以测量电器的电容容量，但这需要另外增加一个电源变压器，实用性不强。 用万用表测电感量的示意图如图（b）所示，与测电容量的原理和方法类似

2. UT-56 型数字式万用表

数字万用表是目前国内外最常用的一种数字仪表。其主要优点是准确度高，分辨力强，测试功能完善，测量速率快，显示直观，过载能力强，耗电少，便于携带，已成为现代电子测量与维修工作的必备仪表，并正在逐步取代传统的模拟式（即指针式）万用表。

数字万用表的显示位数有 $3\frac{1}{2}$、$3\frac{2}{3}$ 和 $4\frac{1}{2}$ 等几种，它表示了数字万用表的最大显示量程和精度，示例说明如图 1-2-15 所示。

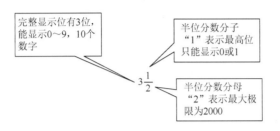

图 1-2-15 数字万用表显示位数 $3\frac{1}{2}$ 代表的含义

示例：

$$3\frac{2}{3}$$

半位分数分子为"2"，表示最高位只能显示数字 0、1、2。

半位分数分母为"3"，表示最大极限值为 3000。

数字万用表的分辨率是表示数字万用表灵敏度大小的重要参数，它与显示位数密切相关。对于电压表而言，分辨率是指数字电压表能够显示的被测电压的最小变化值，即显示器的末位跳变一个数字所需要的最小输入电压值。可见，在最小量程上，数字电压表的分辨率最高。分辨率也指数字电压表最小量程上的分辨率。例如，最小量程为 200 mV 的 $3\frac{1}{2}$ 位数字电压表显示为 199.9 mV 时，末位变一个字所需要的最小输入电压是 0.1 mV，则这台数字电压表的分辨率为 0.1 mV。

UT-56 型数字式万用表是一种性能稳定、高可靠性手持式 $4\frac{1}{2}$ 位数字多用表，整机电路设计以大规模集成电路、双积分 A/D 转换器为核心并配以全功能过载保护，可用来测量直流和交流电压与电流、电阻、电容、二极管、三极管、频率及电路通断。

1）结构

UT-56 型数字式万用表结构如图 1-2-16 所示，其面板结构说明见表 1-2-12。

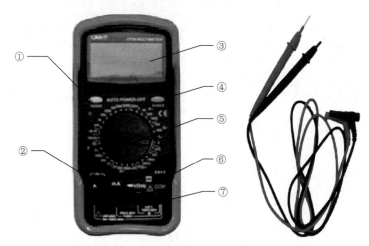

图 1-2-16　UT-56 型数字式万用表外表结构

表 1-2-12　UT-56 型数字式万用表面板结构

图中标号	名称	图中标号	名称
①	电源开关	⑤	功能开关
②	电容测试座	⑥	晶体管测试座
③	LCD 显示器	⑦	输入插座
④	数据保持开关		

2）数字万用表的工作原理

如图 1-2-17 所示，被测信号经输入保护电路（防止误操作引起过大的电压输入而损坏内部电路）、单片 A/D 转换器（将被测量的模拟量转换成相应的数字量），配合相应的功能转换器和挡位/量程选择开关，将被测量值由译码电路和 LCD 显示器显示出来。

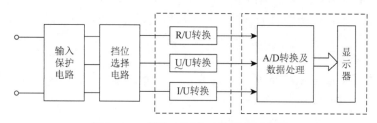

图 1-2-17　数字万用表工作原理示意图

3）使用方法

安全及操作注意事项：

（1）后盖没有盖好前严禁使用，否则有电击危险。

（2）量程开关应置于正确测量位置。

（3）检查表笔绝缘层应完好，无破损和断线。

（4）红、黑表笔应插在符合测量要求的插孔内，保证接触良好。

（5）输入信号不允许超过规定的极限值，以防电击和损坏仪表。

（6）打开 POWER 电源开关，检查 9 V 电池电压是否充足。若不足，将在显示屏上出现一个有正负号的电池标志，这时需更换电池。

（7）测试表笔插孔旁边的警示标志符号"⚠"，表示输入电压或电流不应超过指示值，操作者必须阅读使用说明，以免损伤表内电路。"□"表示双重绝缘，"⏚"表示接地。

（8）被测电压高于直流 60 V 或交流有效值 30 V 的场合，均应小心谨慎，防止触电。

（9）严禁量程开关在电压测量或电流测量过程中改变挡位，以防损坏仪表。

（10）为防止电击，测量公共端"COM"和大地"⏚"之间电位差不得超过 1000 V。

第一，直流电压测量，如图 1-2-18 所示。

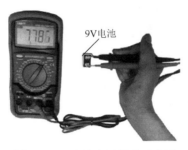

图 1-2-18　直流电压测量示意图

①将黑表笔插入 COM 插孔，红表笔插入 V 插孔。

②将功能开关置于直流电压测量挡位，并将测试表笔连接到待测电源或负载上，红表笔所接端的极性将同时显示于显示屏上。

注意：

（1）如果不知被测电压范围，应将功能开关置于最大量程并逐渐下降。

（2）如果显示屏只显示"1"，表示过量程，功能开关应置于更高量程。

（3）警示标志符号"⚠"表示输入电压不要超过 1000 V，显示更高的电压值是可能的，但有损坏内部线路的危险。

（4）当测量高电压时，要格外注意避免触电。

第二，交流电压测量，如图 1-2-19 所示。

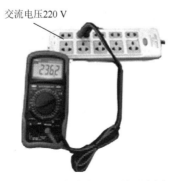

图 1-2-19　交流电压测量示意图

①将黑表笔插入 COM 孔，将红表笔插入 V 孔。

②将功能开关置于交流电压测量挡位，并将测试笔连接到测试电源或负载上。

注意：

（1）参看直流电压测量注意（1）～（4）。

（2）警示标志符号"⚠"表示输入电压有效值不要超过 750 V，显示更高的电压值是可能的，但有损坏内部线路的危险。

第三，直流电流测量，如图 1-2-20 所示。

图 1-2-20　直流电流测量示意图

①将黑表笔插入 COM 孔，当测量最大值为 200 mA 的电流时，红表笔插入 mA 孔；当测量最大值为 20 A 的电流时，红表笔插入"A"孔。

②将功能开关置于直流电流测量挡位，并将测试表笔串联接入待测负载，电流值显示的同时，将显示红表笔的极性。

注意：

（1）如果使用前不知道被测电流的范围，将功能开关置于最大量程并逐渐下降。

（2）如果显示屏只显示"1"，表示过量程，功能开关应置于更高量程。

（3）警示标志符号"⚠"表示输入最大电流为 200 mA 或 20 A 取决于所使用的插孔，过量的电流将烧坏保险丝，应再更换；20 A 量程无保险丝保护，且最长测试时间不超过 15 s。

第四，交流电流测量，如图 1-2-21 所示。

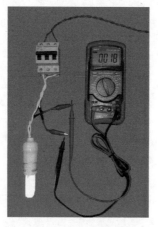

图 1-2-21　交流电流测量示意图

①将黑表笔插入 COM 孔，当测量最大值为 200 mA 的电流时，红表笔插入 mA 孔；当测量最大值为 20 A 的电流时，红表笔插入"A"孔。

②功能开关置于交流电流测量挡位，并将测试表笔串联到待测回路里。

注意：

参看直流电流测量注意（1）～（3）。

第五，电阻测量，如图 1-2-22 所示。

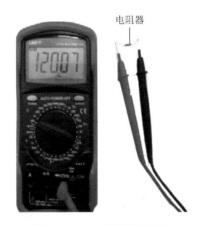

图 1-2-22　电阻测量示意图

①将黑表笔插入 COM 孔，红表笔插入 Ω 孔。

②将功能开关置于 Ω 挡，并将表笔并接到待测电阻上。

注意：

（1）如果被测电阻超出所选择量程的最大值，将显示过量程"1"，应选择更高的量程。对于大于 1 MΩ 或更高的电阻，要几秒钟后读数才能稳定。对于高阻值读数这是正常的。

（2）当无输入时，如开路情况，显示为"1"。

（3）当检查线路阻抗时，要保证被测线路所有电源断开，所有电容电荷放尽。

（4）200 MΩ 量程，表笔短路时约有 10.00 MΩ 的读数，测量时应从读数中将此残存数值减去。例如，测试 100 MΩ 电阻时，显示为 110.00，表笔短路时读数为 10.00，则此电阻的值应为 110.00–10.00 = 100.00（MΩ）。

（5）绝对不允许带电测量电阻。

第六，电容测量，如图 1-2-23 所示。

连接待测电容之前，注意每次转换量程时复零需要时间，有漂移读数存在但不会影响测量精度。

注意：

（1）仪器本身虽然对电容挡设置了保护，但在测量电容前仍应对电容进行充分放电，防止损坏仪表或引起测量误差。

（2）测量电容时，将电容插入电容测试座中（不要通过表笔插孔测量）。

（3）测量大电容时，稳定读数需要一定时间。

图 1-2-23　电容测量示意图

（4）单位：1 pF = 10^{-6} μF，1 nF = 10^{-3} μF。

第七，二极管测试及蜂鸣通断测试，如图 1-2-24 所示。

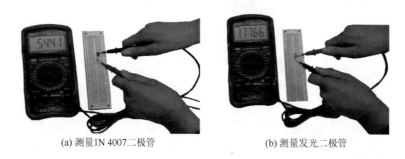

(a) 测量1N 4007二极管　　　　　　　　(b) 测量发光二极管

图 1-2-24　二极管测试示意图

①将黑表笔插入 COM 孔，红表笔插入 VΩ 孔（红表笔极性"+"）。

②将功能开关置于二极管和蜂鸣器挡，并将红表笔连接到待测二极管的正极，黑表笔连接到待测二极管的负极，读数为二极管正向压降的近似值。

③将表笔连接到待测线路的两点，如果两端之间电阻值低于 50 Ω，内置蜂鸣器发声。

注意：

在此量程禁止输入电压。

第八，晶体管 h_{FE} 测试。

①将功能开关置于 h_{FE} 挡位。

②确定晶体管是 NPN 型还是 PNP 型，将基极、发射极和集电极分别插入面板上相应的插孔。

③显示屏上将读出 h_{FE} 的近似值。

第九，频率测量。

①将红表笔插入"Hz"孔，黑表笔插入 COM 孔。

②将量程开关转到 kHz 量程挡上，并将测试笔并接到频率源上，可直接从显示器上读取频率值。

注意：

被测值超过有效值 30 V 时不保证测量精度并应注意安全，因为此时电压已属危险带电范围。

4）保养方法

①不要接入高于 1000 V 直流电压或高于 750 V 交流有效值电压。

②不要在功能开关处于"电流挡位"、Ω、二极管和蜂鸣通断位置时，将电压源接入。

③在电池没有装好或后盖没有上紧时，请不要使用此表。

④只有在测试表笔从万用表移开并切断电源以后，才能更换电池或保险丝。更换保险丝时应使用同一规格型号的保险丝。

⑤测量完毕应及时关断电源。长期不用时应取出电池。

1.2.5　钳形电流表

一般而言，用电流表测量电路中的电流时，必须将被测电流电路切断，然后将电流表或电流互感器的原边线圈串接到被切断的电路中去。而钳形电流表则是一种不需要切断电路，便能测量电路中电流的仪表，它是一种特殊的电流表。

1. 钳形电流表的外形及结构

钳形电流表又称测流钳，它是电流互感器的一种变形，其内部接线如图 1-2-25（a）所示。它的铁心如同钳形，用弹簧压着，测量时将钳口压开而被引入被测导线，这时该导线就是一次侧。二次侧绕在铁心上并与安培计接通，这样就可以在不断开被测电路的情况下进行测量。

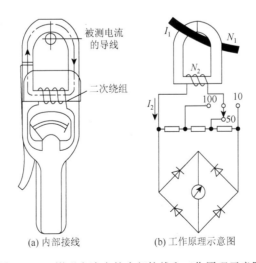

(a) 内部接线　　　　(b) 工作原理示意图

图 1-2-25　钳形电流表的内部接线和工作原理示意图

2. 钳形电流表的工作原理

互感式数字钳形电流表的工作原理示意图如图 1-2-25（b）所示。电流互感器的铁心呈钳口形，被测导线为电流互感器的一次绕组（线圈），被测电流在铁心中产生工作磁通，使绕在铁心上的二次绕组（线圈）产生感应电动势，感应电流经桥式整流后流入磁电系表头，驱动指针偏转，显示被测电流强度。

另外，还有一种数字钳形电流表，其外形如图 1-2-26 所示，它具有读数直观、准确度高、使用方便等优点。图 1-2-27 为实测配电柜中的一相电流。不同型号的钳形电流表其功能存在较大的差异。如图 1-2-26 所示的钳形电流表还具有一般数字万用表的交直流电压、电阻、二极管的测量功能。数字钳形电流表的组成框图如图 1-2-28 所示。

图 1-2-26　数字钳形电流表

图 1-2-27　测某配电柜中的一相电流

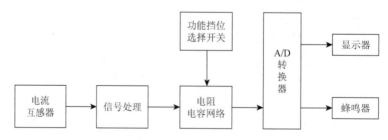

图 1-2-28　数字钳形电流表组成框图

3. 钳形电流表的使用

利用钳形电流表测量三相三线电路、三相四线电路以及小电流的方法如图 1-2-29 所示。

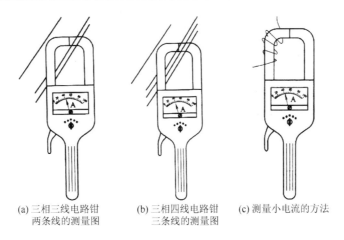

(a) 三相三线电路钳　　　(b) 三相四线电路钳　　　(c) 测量小电流的方法
两条线的测量图　　　　三条线的测量图

图 1-2-29　钳形电流表的使用

（1）根据待测量对象的不同选用不同型号的钳形电流表。

（2）测量时应先估计被测电流的大小，选择合适的量程进行测量；若无法估计被测电流大小，则应先选用较大的量程测量，然后再视被测电流的大小减小量程，使读数超过刻度的 1/2，以获得较准的读数，转换量程时，应在不带电的情况下进行。

（3）在进行测量时，为减小误差，用手捏紧扳手使钳口张开，被测载流导线的位置应放在钳形口中央，然后松开扳手，使钳口（铁心）闭合，表头上即有指示。

（4）为使读数准确，钳口两个面应保证很好的接合，如有噪声，可将钳口重新开合一次，若声音依然存在，则应检查在钳口接合面上是否有杂物或污垢，如有污垢，可用汽油擦干净。

（5）为消除铁心中剩磁的影响，应将钳口开合数次。

（6）测量较小的电流（小于 5 A）时，为了计数准确，在条件允许的情况下，可将被测导线在钳口多绕几圈再进行测量，最后将读数值除以钳口导线的圈数即被测电流的实际值。

（7）钳形电流表应存放在干燥的室内，钳口铁心相接处应保持清洁和接触紧密，在携带和使用时，应避免使其受到振动。

（8）不能用于高压带电测量，不得测量无绝缘的带电线路，要尽量远离强磁场，以减少磁场对电流表的影响。

（9）测量完毕后一定要把量程开关放在最大电流量程位置，以免下次使用时未经选择量程而造成仪表损坏。

（10）钳形电流表的种类繁多，在选用时应考虑被测导线的形状、粗细，测量的功能，被测量的量程范围等因素。

（11）对于交流电流表、电压两用表，测电压时，应将表笔连线插入专用的电压插孔中，然后用两表笔按测量电压的方法进行测量。

（12）测量时，只能卡一根导线。单相电路中，如果同时卡进火线和中线，则因两根导线中的电流相等、方向相反，电流表的读数为零。三相对称电路中，同时卡进两相火线，与卡进一相火线的电流读数相同；同时卡进三相火线的读数为零。三相不对称电路中，也只能一相一相地测量，不能同时卡两相或三相火线。

（13）交直流两用钳形电流表要区别使用。

1.2.6　兆欧表

兆欧表又称绝缘电阻表或摇表，主要用于高压或低压电气线路及电气绝缘电阻的测定。这种表具有携带方便，使用简单，测量时不要其他辅助设备，不用外接电源，可以直接指示出测量结果等优点，使用非常广泛。

1. 兆欧表的功能、结构与测量原理

1）兆欧表的功能

兆欧表的主要功能是测量绝缘电阻。例如，测量电冰箱电源线与外壳（地）之间的绝缘电阻。正常绝缘电阻具有很高的电阻值，使用普通的万用表不容易测出来。如果电源线与地线之间的绝缘电阻较小，就容易发生漏电的情况，对机器和人身都可能造成危险。因此，用兆欧表测量绝缘电阻可以检查设备的安全性能。

顾名思义，绝缘材料应该是不导电的，但加上高压以后会有微小的电流产生，这个微小的电流称为漏电流（I）。绝缘电阻 R 可以由外加电压 U 除以漏电流 I 求得，这个电阻值一般以 MΩ 为单位。

2）兆欧表的外形结构

兆欧表的种类形式较多，但其结构大致相同，都是由磁电系流比计和高压直流电源组成的。根据产生高压直流电源的装置不同，又分为手摇发电机式兆欧表和晶体管高压直流源式兆欧表。图 1-2-30 是一种手摇发电机式兆欧表。

图 1-2-30　手摇发电机式兆欧表

手摇发电机式兆欧表的主要组成部分是一个磁电系流比计和一只手摇发电机。手摇发电机是兆欧表的电源，可以采用直流发电机，也可以采用交流发电机与整流装置配用。直流发电机的容量很小，但电压很高（100～5000 V）。磁电系流比计是兆欧表的测量机构，由固定的永久磁铁和可在磁场中转动的两个线圈组成。

3）兆欧表的测量原理

手摇发电机式兆欧表线路如图 1-2-31 所示。

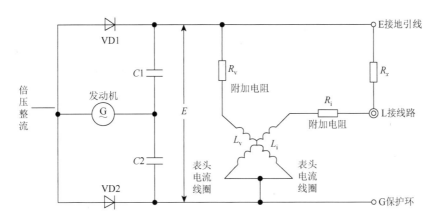

图 1-2-31　手摇发电机式兆欧表线路图

从图 1-2-31 中可看出，发电机和 $C1$、$C2$、VD1、VD2 组成倍压整流电路，当未接 R_x（被测电阻）而摇动手摇发电机时，仅 R_v 支路有电流，$I_2 = \dfrac{E}{R_v}$。此时线圈 2 产生转矩 M_2，线圈 2 停在中性面，使表针指示在 "∞" 位置。当接上 R_x 时，R_i 支路也有了电流，$I_1 = \dfrac{E}{R_x + R_i}$。

当用手摇动发电机时，两个线圈中同时有电流通过，在两个线圈上产生方向相反的转矩，表针就随着两个转矩的合成转矩的大小向右偏转某一角度，这个偏转角度取决于上述两个线圈中电流的比值。因为附加电阻的阻值是不变的，所以电流值取决于待测电阻阻值的大小。

2. 兆欧表的选择与使用

1）兆欧表的选择

在选择兆欧表时，还应注意它们的测量范围和被测对象的数值要相适应，以免引起大的读数误差。

（1）额定电压的选择。

兆欧表主要是根据被测对象的使用状况进行选择的。一般按照被测对象使用时所接触电压的大小，或电网额定电压的大小来选择其电压等级及测量范围。我国兆欧表按准确度等级分为五级，即 1.0、2.0、5.0、10.0、20.0，按额定电压分为九种，即 50 V、100 V、250 V、500 V、1000 V、2000 V、2500 V、5000 V、10000 V。

电气设备在额定电压较高的条件下运行时，其绝缘电阻要求就大，就应该选择额定电压高和测量范围大的兆欧表。例如，电力系统中常用的绝缘子，它的绝缘电阻一般在 10000 MΩ 以上，进行绝缘电阻测量时，应用 2500 V 以上的兆欧表。反之，电气设备在额定电压较低的条件下运行，由于其内部绝缘电阻所能承受的电压不高，如仪表测量机构与外壳之间，为了安全，在测量绝缘电阻时，就不能用额定电压太高的兆欧表。一般来说，额定电压在 500 V 以下的设备，选用 500 V 或 1000 V 的兆欧表，以避免设备的损坏或绝缘；额定电压在 500 V 以上的设备，则用 1000 V 或 2500 V 的兆欧表，以便在尽可能高的电压条件下发现设备绝缘的缺陷。

（2）电阻量程范围的选择。

发电机式兆欧表的表盘刻度线上有两个小黑点，其界定的区域为准确测量区域。因此在选表时应使被测设备的绝缘电阻值在此准确测量区域内。

根据被测对象的不同，所选用兆欧表的额定电压和量程也不同，见表 1-2-13。

表 1-2-13　兆欧表的额定电压和量程选择

被测对象	设备的额定电压/V	兆欧表的额定电压/V	兆欧表的量程/MΩ
低压电器装置	500 以下	500	0～200
变压器和电动机线圈的绝缘电阻	500 以上	1000～2500	0～200
发动机线圈的绝缘电阻	500 以上	1000	0～200
低压电气设备的绝缘电阻	500 以上	500～1000	0～200
高压电气设备的绝缘电阻	500 以上	2500	0～2000
瓷瓶、高压电缆、刀闸	—	2500～5000	0～2000

2）兆欧表的使用

第一，测量电力线路对地绝缘电阻。

测量电力线路的对地绝缘电阻时，将 E 接线柱可靠接地，L 接被测线路。测量示意图如 1-2-32 所示。

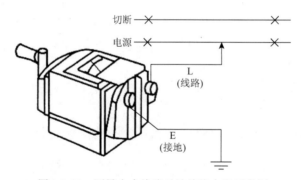

图 1-2-32　测量电力线路对地绝缘电阻示意图

第二，测量设备（如电动机）内电路对外壳绝缘电阻。

首先，介绍电动机定子绕组对地（外壳）绝缘电阻摇测。

（1）对于低压电动机（单相 220 V，三相 380 V），新电动机应用 1000 V 兆欧表测量；运行过的电动机用 500 V 兆欧表测量。

（2）测量前应将端子上原有的电源线拆去。

（3）测对地绝缘电阻，实际就是测量绕组对机壳之间的绝缘电阻，至于电动机外壳是否做过接地，不影响其测量结果。

（4）测量时，电动机端子上的连接片不用拆开。兆欧表 L 线接电动机任一个端子，E 线接外壳，摇至 120 r/min，在 1 min 时读数。对于额定电压 380 V 的电动机、新电动机（交接实验），绝缘电阻＞1 MΩ 为合格；运行过（预防性实验）的电动机，绝缘电阻＞0.5 MΩ 为合格。对于额定电压为 220 V 的新电动机，绝缘电阻＞1 MΩ 为合格；运行过的绝缘电阻＞0.5 MΩ 为合格。测量线路如图 1-2-33 所示。

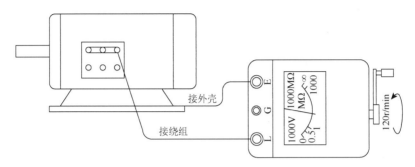

图 1-2-33　测量电动机定子绕组的对地绝缘电阻示意图

然后，介绍电动机定子绕组的相间绝缘电阻摇测。

（1）兆欧表电压等级的选用原则同电动机定子绕组对地绝缘电阻摇测。

（2）测量前将电动机端子上原有的连接片拆去，L、E 分别接在 U1、V1、W1 三个端子的任意两个上，测量三次（如 U1-V1、U1-W1、V1-W1 三次）。测量接线如图 1-2-34 所示。

（3）摇测方法及绝缘电阻要求与电动机定子绕组对地绝缘电阻摇测相同。

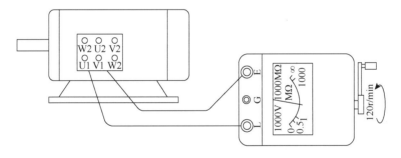

图 1-2-34　测量电动机定子绕组的相间绝缘电阻示意图

第三，测量电缆芯线绝缘电阻。

测量电缆芯绝缘电阻时，兆欧表和电缆接线的操作示意图如图 1-2-35 所示。

（1）测量电缆芯线与外壳间的绝缘电阻时，将 E 接线柱接电缆外壳，L 接线柱接被测芯线，G 接电缆壳与芯之间的绝缘层。

（2）保护环 G 接线的原因为，电缆线一般被埋在地下，因此其表面易潮湿及锈蚀，从而造成测量电缆绝缘时不准确，提供 G 接线后，表面漏电流不经过线圈，流过发电电源负载极，这样，测量结果只反映芯线与绝缘层之间的电阻大小，而不受表面漏电流大小的影响（在电缆表皮比较清洁时可以不接 G 端点）。

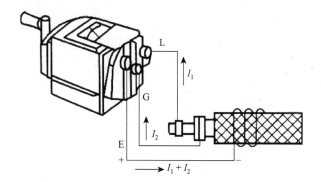

图 1-2-35　测量电缆芯线绝缘电阻示意图

第四，低压电容器绝缘电阻的测量。

测量低压并联电容器的绝缘电阻，选用 500 V 或 1000 V 的兆欧表。对于预防性实验（即对运行中的电容器检查），兆欧表应有 1000 MΩ 的有效刻度。对于交接实验（即对新安装的电容器检查），兆欧表应有 2000 MΩ 的有效刻度，测量电容器绝缘电阻接线示意图如 1-2-36 所示。

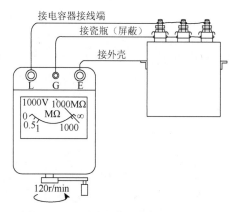

图 1-2-36　测量电容器绝缘电阻示意图

以并联电容器预防性实验为例，对绝缘电阻的要求为，预防性实验绝缘电阻＞1000 MΩ，交接实验绝缘电阻＞2000 MΩ 为合格。

测量低压电容器绝缘电阻的安全事项如下：

（1）选用适宜的兆欧表，并仔细检查，确认其完好、准确。

（2）将电容器退出运行。

（3）对电容器放电（先做各极对地放电，再做极间放电）。

（4）做好安全技术措施。验电，确定无电压后，挂临时接地线。

（5）拆下电容器上原有的接线。

（6）擦拭干净电容器端子的瓷绝缘。

（7）用软裸导线在每个端子上的磁绝缘上各紧绕 3～5 匝，改用有绝缘层的导线接到兆欧表的 G 端。

（8）用裸导线将电容器三个端子短接（待测）。

（9）将兆欧表 E 端接线接到电容器外壳带有标记处。

（10）一人手持绝缘用具，挑着 L 端的测试线。

（11）一人摇动兆欧表达 120 r/min 时，令 L 线接触电容器三极的短接线，并开始计时。

（12）至 60 s 时读数，必要时应做记录。

（13）撤开 L 测试线，再停止摇表。

（14）对电容器放电。

第五，低压导线绝缘电阻测量。

单股导线在穿管敷设前，应检查导线绝缘层是否良好，以防敷设后导线绝缘不良造成线路故障。测量低压导线的绝缘电阻选用 500 V 或 1000 V 的兆欧表。

测量导线绝缘电阻方法如下：

（1）准备一个水桶，将导线头拉出水面，如图 1-2-37 所示。

（2）水桶内放一个金属片，连接兆欧表的 E 端。兆欧表的 L 端接要测量导线的一端。

（3）摇动兆欧表达 120 r/min 时，绝缘电阻不应小于 2 MΩ。

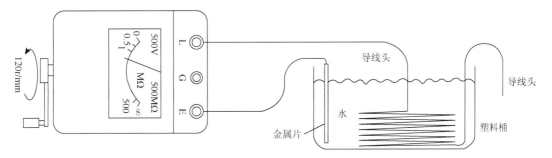

图 1-2-37　低压导线绝缘测量

兆欧表使用时，应注意以下几点：

（1）使用前的检查。使用前应检查兆欧的状况是否良好，为此，先将兆欧表的"线""地"端开路，摇动手摇发电机达到额定转速，观察指针是否指到"∞"。然后将"线""地"端短路，慢慢摇动摇柄，观察指针是否指到"0"。如果指针指示不对，则需调修兆欧表后才能使用。

（2）注意安全。为了保证安全，不可在设备带电的情况下测量其绝缘电阻。对具有较大电容或电感的高压设备，在停电后还必须进行充分的放电，然后才可测量。用兆欧表测量过的设备，也要及时加以放电。

（3）被测设备表面应擦拭干净。

（4）兆欧表应放置平稳，且应远离强电场与强磁场。

（5）测量时的接线不要用双股线或两根引线绞在一起，否则导线之间的绝缘电阻与被测对象之间的绝缘电阻相当于并联，使测量结果受影响。

（6）在测量设备对地的绝缘电阻时应当用 E 接外壳，L 接被测设备。否则，将可能会受大地杂散电流的影响，使测量不准。

（7）在测量绝缘时，应保持兆欧表的额定转速为 120 r/min，切忌忽快忽慢。

（8）绝缘电阻随着测试时间的长短而有差异，一般以 1 min 以后的读数为准。遇到电容量较大的被测设备（如电容器、变压器、电缆等）时，要等到指针稳定不变时才记录读数。

（9）测量过程中，不能用手去触及被测对象，也不能进行拆接导线等工作。测量完毕后，对具有大容量的设备，必须将测量连线断开后（如断开 L 端），才能停止手摇发电机的转动，这样可防止放电电流打坏表针。

（10）禁止在雷电时或在附近有高压带电导体的场合用兆欧表测量，以防发生人身或设备事故。

1.2.7　稳压电源

电工电子实验室常用的直流电压一般为几伏至几十伏，一般都由直流稳压电源提供。常用的稳压电源分为指针式稳压电源和数显直流稳压电源。目前许多型号的直流稳压电源大多采用数字显示，并且同时具有稳压与稳流两种功能。下面以 RXN-305-II 型高精度稳压稳流电源为例来介绍其使用方法及技术参数。

1. RXN-305-II 型高精度稳压稳流电源结构

RXN-305-II 型高精度稳压稳流电源的外形如图 1-2-38 所示，面板结构介绍见表 1-2-14。

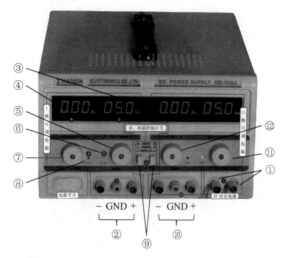

图 1-2-38　RXN-305-II 型高精度稳压稳流电源

表 1-2-14　面板结构介绍

图中标号	名称	功能说明
①	固定 5 V 输出端口	单 5 V 电源输出端
②	I 路输出接线端口	连接外部负载到"+"端子和"-"端子
③	I 路输出电压指示值	指示 I 路输出电压
④	I 路输出电流指示值	指示 I 路输出电流

续表

图中标号	名称	功能说明
⑤	I 路输出电压调整旋钮	顺时针旋转输出电压升高，逆时针旋转输出电压降低
⑥	I 路稳压指示灯	CV 为稳压指示灯，此灯亮时表示电源工作在稳压状态
⑦	I 路输出电流调整旋钮	顺时针旋转稳流值升高
⑧	I 路稳流指示灯	CC 为稳流指示灯
⑨	连接开关	两路电源可以单独使用，也可以通过连接开关的设置并联或串联使用
⑩	II 路输出端接线端口	连接外部负载到"+"端子和"–"端子
⑪	II 路输出电压调整旋钮	顺时针旋转输出电压升高，逆时针旋转输出电压降低
⑫	II 路输出电流调整旋钮	顺时针旋转稳流值升高

2. RXN-305-II 型高精度稳压稳流电源工作原理

1）工作原理

稳压稳流电源的工作原理框图如图 1-2-39 所示，输入电源经变压器降压、整流电路整流滤波后由电压调整电路调整输出电压。当输出电流小于电流调整的整定值时，由输出电压检测电路对电压调整电路进行控制，使输出电压保持恒定。当输出电流达到电流调整的整定值时，由输出电流检测电路对电压调整电路进行控制，使输出电流不超过电流整定值。

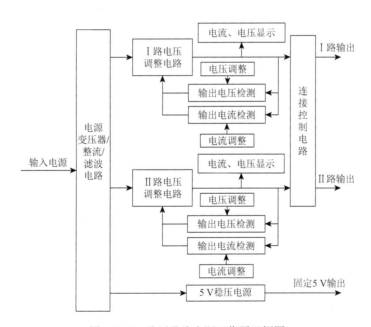

图 1-2-39　稳压稳流电源工作原理框图

连接控制电路对两路输出电源端进行独立、并联、串联三种方式转换。电压、电流显示电路显示当前的输出电压和负载电流。

2）主要技术参数

RXN-305-II 型稳压稳流电压的主要技术参数见表 1-2-15。

表 1-2-15　技术参数介绍表

参数名称		数值	说明
输出电压		两路 0～30 V 可调，一路固定电压 5 V	两路可调电源可串联为 0～60 V 或 ±30 V 电源
最大输出电流		两路可调输出电源最大输出电流为 5 A，固定电压输出电源最大输出电流为 3 A	两路可调电源可并联使用，最大输出电流为 10 A
额定输入电压		交流 220 V±10%	输入电压为 198～242 V
稳压状态	电压稳定度	≤0.01% + 2 mV	当输入电压在额定范围内变化时输出电压变化小于 0.01% + 2 mV
	负载稳定度	≤0.01% + 2 mV	当负载在额定范围内变化时（输出电流小于额定值），输出电压变化小于 0.01% + 2 mV
	纹波和噪声	≤1 mV Vrms	纹波电压小于等于 1 mV，Vrms 为电压有效值
稳流状态	电流稳定度	≤0.2% + 3 mA	稳流输出时输出电流变化小于等于 0.2% + 3 mA
	纹波和噪声	≤3 mA Arms	纹波电流小于等于 3 mA，Arms 为电流有效值

3. 使用方法

RXN-305-II 型稳压稳流电源的使用方式见表 1-2-16。

表 1-2-16　RXN-305-II 型稳压稳流电源的使用方式

工作方式	操作内容	图示	说明
固定 5 V 输出	固定 5 V 输出		单 5 V 电源输出端无电压和电流指示，使用中应当注意不得过载，本电源固定 5 V 输出端最大输出电流为 3 A
两路电源单独使用（以 I 路为例）	连接开关设置	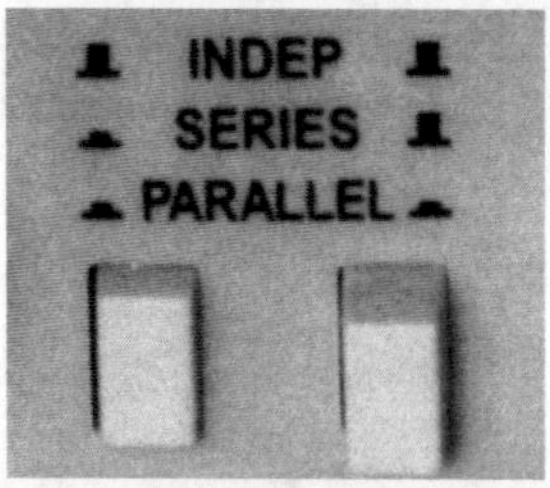	两路独立使用时，两个开关均为弹起状态
	I 路输出接线端		连接外部负载到右边的"+"端子和左边的"−"端子

续表

工作方式	操作内容	图示	说明	
两路电源单独使用（以 I 路为例）	I 路输出电压指示		指示 I 路输出电压，图中所示为 8.0 V	
	I 路输出电流指示		指示 I 路输出电流，图中所示为 1.08 A	
	I 路输出电压调整		顺时针旋转输出电压升高，逆时针旋转输出电压降低，电压调整使用了多圈电位器，可旋转多圈调整	
	I 路稳压指示		CV 为稳压指示灯，此灯亮时表示电源工作在稳压状态	
	I 路输出电流调整	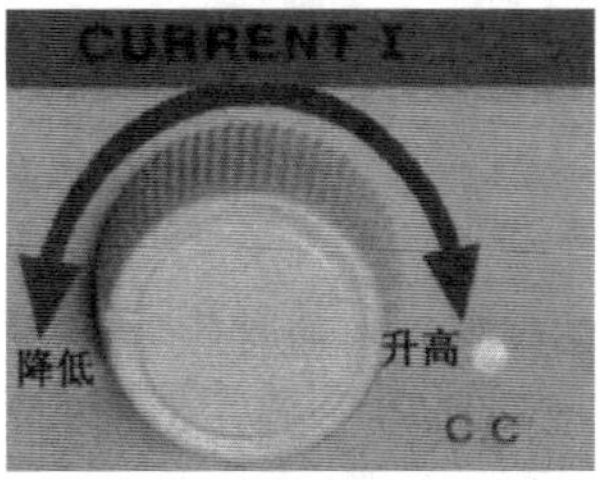	顺时针旋转稳流值升高，逆时针旋转稳流值降低，可旋转多圈调整	稳流作用实际上就是最大电流限制，即输出电流达到稳流值后，如果负载继续加重则会自动降低输出电压而保持输出电流在稳流值不变
	I 路稳流指示		CC 为稳流指示灯，此灯亮时表示电源工作在稳流状态	
两组电源并联使用	连接开关设置	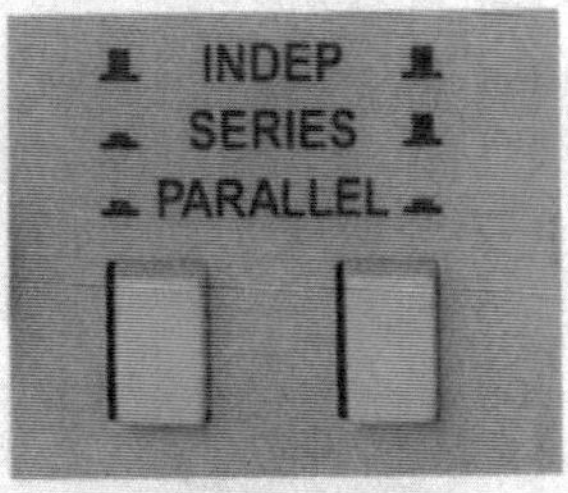	两组电源并联使用时，两个开关均按下	
	输出端接线		此时两路输出在内部并联，使用 I 路或 II 路输出均可	两组电源并联使用就是将两路电源并联输出，并联后输出电压范围不变，但输出电流为单路电源的两倍，RXN-305-II 型高精度稳压稳流电源输出电压为 0～30 V，最大电流为 10 A
	输出电压调整	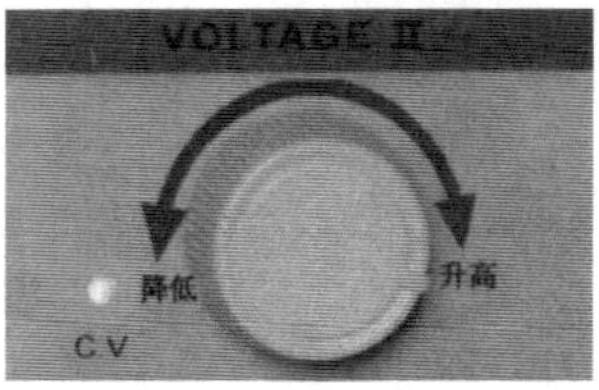	注意：此时只使用 II 路电压调整旋钮调整输出电压，输出电压可在 0～30 V 调整	
	输出电流调整	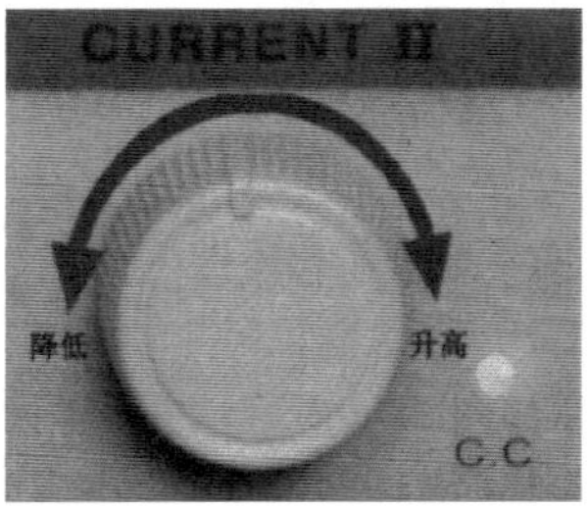	此时只使用 II 路电流调整旋钮调整输出稳流值，输出电流可达 10 A	

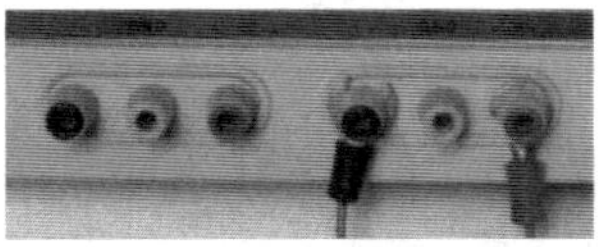

续表

工作方式	操作内容	图示	说明	
两组电源串联使用	连接开关设置		两组电源串联使用时按下左边按钮	两组电源串联使用就是将两路电源串联输出。串联后输出电压为单路电源的两倍，输出电流保持不变。RXN-305-II 型高精度稳压稳流电源输出电压为 0～60 V，最大电流为 5 A
	输出端接线	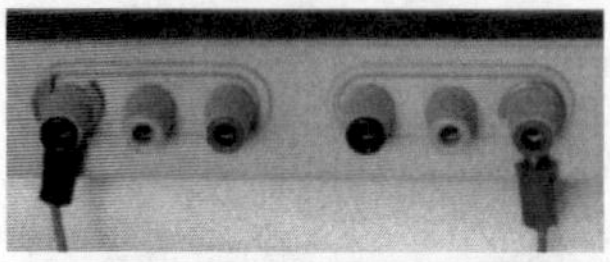	注意：I 路正输出端和 II 路负输出端已内部连通，外部可不必连接	
	输出电压调整	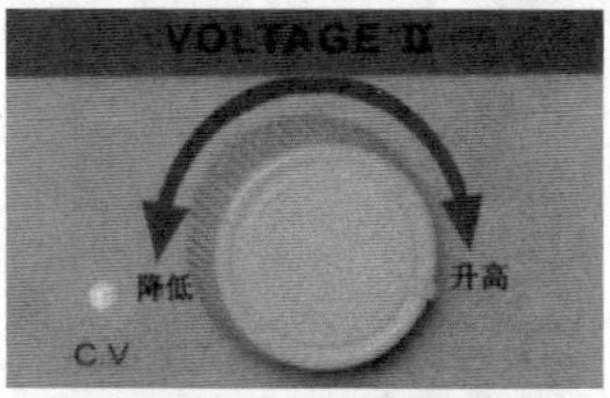	注意：此时只使用 II 路电压调整旋钮调整输出电压，输出电压可在 0～60 V 调整	
	输出电流调整		此时只使用 II 路电流调整旋钮调整输出稳流值，输出电流最大为 5 A	
	两路稳压电源串联为 0～±30 V 可调稳压电源		两路电源串联使用时，如果将 I 路输出正端或 II 路输出负端接地，则可输出正、负对称电源，此时只使用 II 路电压调整旋钮调整输出电压，输出电压可在 0～±30 V 调整	

1.3　电工安全基础知识

船舶安全用电，事关人身安全、用电设备安全及船舶电力系统安全，"安全第一，预防为主"是船舶安全用电的基本方针。在使用电能的时候，必须注意用电安全，防止事故的发生。

由于电气事故往往是多方面因素综合作用的结果，电气安全工作是一项综合性的工作，涉及工程技术方面和组织管理方面。

1.3.1　人身安全用电常识

船舶上电气设备众多，如果不了解安全用电知识，就很容易发生电气事故。本节主要介绍有关人身安全方面的安全用电知识。人身安全是指在从事电气工作和电气设备操作使用过程中人员的安全。下面介绍人身安全的基本常识。

1. 一般的用电安全知识

（1）严禁采用一线一地、两线一地、三线一地（指大地）安装用电设备和器具。

（2）严禁在一个插座或灯座上引接功率过大的用电器具或过多的用电器具。

（3）严禁用金属丝（如铅丝）绑扎电源线。

（4）不能用潮湿的手去触及开关、插座和灯座等用电装置，更不能用湿抹布去揩抹电气装置和用电器具。

（5）在搬移可移动电器设备时，要先切断电源。

（6）在潮湿环境中使用移动电器时，一定要采用 36 V 以下的安全低压电源。在金属容器内（如锅炉、蒸发器或管道等）使用移动电器时，必须采用 12 V 安全电源，并应有人在容器外进行监护。

（7）雷雨天气在室外活动要防止跨步电压触电。打雷是大气中一种强烈的放电现象，打雷的时间短（一次雷击时间约 60 ms）、电流大（可高达几万至几十万安）、电压高（可高达数十万至数百万伏），所以打雷时不要接近避雷针、避雷器及其接地点。遇到有高低压线被打断刮落在地时，不能走进距断线地点 10 m 以内的地段（以防跨步电压触电），更不能用手去触摸断线。若人已进入上述地段，身体有麻电感时，不要惊慌，应立即双脚并拢或用一只脚跳出该地段。

2. 专业电气工作人员人身安全知识

（1）在进行电气设备运行和维修工作时，必须严格遵守各种安全操作规程与规定，不得玩忽失职。

（2）进行电气维修操作时，要严格遵守停、送电操作规定，切实做好防止突然来电的各项安全措施。在一经合闸即可送电到工作地点的开关和刀闸的操作把手上，应悬挂"禁止合闸，有人工作！"的相关标示牌。

（3）在邻近带电部分进行电气操作时，为了保证电气工作人员在进行电气设备运行操作、维护检修时不致误碰带电体而引起电气事故，一定要保持可靠的安全距离。

（4）工作前，应检查电工工具的绝缘性能，以防工具绝缘损坏时带电操作而发生触电事故。在作业人员安全操作带电体及人体与带电体安全距离不够时，选用绝缘防护用具，此时应注意用具本身必须具备合格的绝缘性能和机械强度，且只能在和其绝缘性能相适应的电气设备上使用。

（5）登高作业者必须受过登高训练。

（6）要熟悉触电急救法和电气防火、防爆、救火等知识。若发现有人触电，要马上采取正确的方法进行抢救。

3. 电流对人体的伤害

由于人体是导体（人体电阻通常为 $10\,k\Omega \sim 100\,k\Omega$），当人体接触带电体时，电流对人体会造成两种伤害：电击和电伤。电击指电流通过人体，使人体内部组织受损而造成的伤害，主要引起心颤、昏迷、窒息，甚至死亡；电伤指电流对人体外表所造成的伤害，常见的有灼伤、烙伤和皮肤金属化等。触电对人体的伤害程度与通过人体的电流强度、触电电压、电流种类、电源频率、电流路径、电流持续时间、人体电阻、个体区别等因素有关。

1）电流强度

通过人体的电流越大，对人体伤害越大。当 1 mA、50 Hz 交流电或 5 mA 直流电通过人体时，人会有发麻、痛的感觉；当通过 20 mA、50 Hz 交流电或 30 mA 直流电时，人会感到麻木、剧痛，并失去摆脱电源的能力。人体触电后可以摆脱电源的最大电流为 10 mA～16 mA，因此，漏电保护通常设在 20 mA。

对于工频交流电，按照人体所呈现的不同状态，通过人体的电流大致可分为下列三种。

（1）感觉电流。

引起人的感觉的最小电流称为感觉电流。实验表明，成年男性的平均感觉电流约为 1 mA，成年女性约为 0.7 mA。

（2）摆脱电流。

人触电后能自主摆脱电源的最大电流称为摆脱电流。实验表明，成年男性平均摆脱电流约为 16 mA，成年女性约为 10 mA。

从安全角度考虑，男性最大摆脱电流为 10 mA，女性为 6 mA，儿童的摆脱电流较成人小。

（3）致命电流。

在较短时间内危及生命的最小电流，也可以说引起心室颤动的电流称为致命电流。

引起心室颤动的电流与通过时间有关。实验表明，当电流通过时间超过心脏跳动周期时，引起心室颤动的电流一般是 50 mA 以上。当通过电流达数百毫安时，心脏会停止跳动，可能导致死亡。

2）触电电压

触电时电压对人的伤害主要取决于在此电压下流入人体的电流大小。人们通常把 36 V 定为接触安全电压。当电压大于 100 V 时，危险性急剧增加，大于 200 V 时会危及人的生命。安全电压规定为交流电压 50 V 以下，直流电压 120 V 以下。

3）电流种类

实验证明，交流电流、直流电流、特殊波形电流都对人体具有不同程度的伤害作用，但其伤害程度以工频交流电流最为严重。

4）电源频率

直流电对血液有分解作用，而高频电流对人体没有伤害，且具有医疗保健作用。电源频率在 40～60 Hz 时对人体的伤害最大。

5）电流路径

电流在人体内流过的路径不同，对人体危害的程度不同。电流流过人的心脏等重要器官时，对人的危害最大。电流从手流到脚，或从一只手流到另一只手时，人体触电的严重性最大。

6）电流持续时间

人体触电的时间越长，人体电阻变得越小，通过人体的电流将越大，其危害性越大。因此，发现有人触电时，应立即采取措施，使触电者脱离电源。

7）人体电阻

人体电阻基本上是按表皮角质层电阻大小而定的，但由于皮肤状况、与电的接触程度等情况不同，故电阻值也有所不同，如皮肤较潮湿，触电接触紧密时，人体电阻就越小，通过的触电电流就越大，所以危险性也就增加。

8）个体区别

因为人体的室颤电流与通过电流的心脏的质量有关，所以有心脏病、中枢神经系统疾病、肺病的人电击后的危险性较大；而身体健康、肌肉发达者的摆脱电流较大；女性的感知电流和摆脱电流仅是男性的 2/3，则危险性较大；儿童电击后的危险性比成年人大；人体当时的精神状态和心理因素对电击后果也有影响。

4. 触电人员的急救

1）人体触电方式

触电包括直接触电和间接触电两种。直接触电是指人体直接接触或过分接近带电体而触电；间接触电指人体触及正常时不带电而发生故障时才带电的金属导体而触电。最常见的触电方式有以下几种。

（1）单相触电。

人体接触带电体或线路中的某一相，电流从带电体流经人体到大地（或零线）形成回路，这种触电称为单相触电。

单相触电有两种形式：一种是在中性点不接地系统中，当人体接触到一根相线时，电流从相线经人体，再经大地和线路之间的分布电容形成回路，如图 1-3-1（a）所示；另一种是在中性点直接接地系统中，人体接触到一根相线时，电流从相线经人体，再经接地线回到中性点，如图 1-3-1（b）所示。

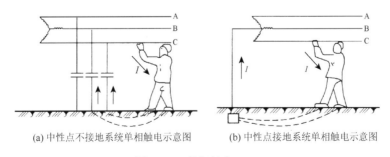

(a) 中性点不接地系统单相触电示意图　　(b) 中性点接地系统单相触电示意图

图 1-3-1　单相触电

在接触电气线路（或设备）时，如果不采取防护措施，一旦电气线路或设备绝缘损坏漏电，将引起间接的单相触电。如果站在地上误触带电体的裸露金属部分，也将造成直接的单相触电。

（2）两相触电。

人体的不同部位同时接触带电设备或线路中的两相导体而引起的触电方式称为两相触电，如图 1-3-2 所示。此时，人体承受的是线电压，通过人体的电流较大，比单相触电更具有危险性。

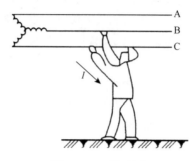

图 1-3-2　两相触电

（3）跨步电压触电。

雷电流入地时，或运行中的电气设备因绝缘损坏漏电时，会在导线接地点及周围形成强电场。其电位分布以接地点为圆心向周围扩散、逐步降低，因此在不同位置形成电位差，人跨进这个区域，两脚之间将存在电压，该电压称为跨步电压。在这种电压作用下，电流从接触高电位的脚流进，从接触低电位的脚流出，这就是跨步电压触电。如图 1-3-3 所示，U_p 表示带电体接地点的对地电压；两条曲线表示接地点周围地面的对地电压；U_k 为人两脚间的跨步电压。

一个人当发觉受到跨步电压的威胁时，应立即把双脚并拢在一起，或尽快用一条腿跳着离开危险区。

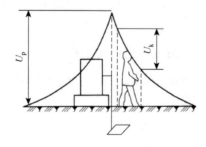

图 1-3-3　跨步电压触电

（4）接触电压触电。

电气设备绝缘损坏或接地部分损坏等造成接地故障时，设备与大地之间产生电位差，如果人体两个部分（如手和脚）同时接触设备外壳和地面，人体两部分会处于不同的电位，在人体内就会有电流流过，这时加在人体两个部位之间的电位差称接触电压。由接触电压造成的触电事故称为接触电压触电。

在电气安全技术中，接触电压是以站立在距漏电设备接地点水平距离为 0.8 m 处、人手触及的漏电设备外壳距地 1.8 m 高时，手脚间的电位差为衡量基准的。接触电压值的大小取决于人体站立点与接地点的距离，距离越远，接触电压值越大；当距离超过 20 m 时，接触电压值最大，即等于漏电设备上的电压；当人体站在接地点与漏电设备接触时，接触电压为零。

（5）残余电压触电。

在实际应用中，当人触及带有剩余电荷的设备和线路时也能造成触电事故。储能元件（如并联电容器、电力电缆、电力变压器及大容量电机等）在退出运行或对其进行类似摇表测量等检修后，会带上剩余电荷。因此，要及时对其放电，以防残余电压触电。

（6）雷击触电。

雷击事故是一种自然现象，是雷云向地面突出的导电物体放电时引起的自然灾害。雷击除了可以毁坏建筑设施，使电力设备造成事故外，也可以直接伤害人畜。雷电流对人可能发生直接伤害和间接伤害。直接雷击可将人击毙或击伤、灼伤；间接伤害有可能发生跨步电压触电、接触电压触电和感应电压触电。

因此，闪电打雷时要迅速到就近的建筑物内躲避。在野外无处躲避时，要将手表、眼镜等金属物品摘掉，找低洼处卧倒，千万不要在大树下躲避。

2）触电的常见原因

（1）缺乏电气基本常识。

（2）电气操作制度不严格、不健全，违反操作规程或误操作。

带电操作时，不采取可靠的安全措施，或不熟悉电路和电器而盲目修理；救护已触电的人时，自身不采取安全保护措施；停电检修时，不挂警告牌；检修电路和电器时，使用不合格的工具；人体与带电体过分接近，又无绝缘措施或屏护措施；在架空线上操作时，不在相线上加临时接地线；无可靠的防高空跌落措施等。

（3）用电设备不符合要求。

电气设备内部绝缘损坏，金属外壳又未加保护接地装置或保护接零装置损坏，保护接地线太短，接地电阻太大；开关、灯具、携带式电器绝缘外壳破损，失去防护作用；开关、熔断器误装在中性线上。

（4）用电不谨慎。

违反布线规程，在室内乱拉电线或随意加大熔断器熔丝规格；在电线上或电线附近晾晒衣物；在电线（特别是高压线）附近打鸟、放风筝；打扫卫生时，用水冲洗或用湿布擦拭带电电器或线路；雨天电气设备绝缘能力降低而漏电等。

3）触电急救

触电的现场急救是抢救触电者的关键。首先要使触电者迅速脱离电源，越快越好。电流作用时间越长，伤害就越重。在脱离电源的过程中，救护人员既要救人，也要注意保护自己。正确的触电急救方法如下，可根据具体情况选择采用。

第一，脱离低压电源的方法。

（1）迅速切断电源，如拉开电源开关或刀闸开关。但应注意，普通拉线开关只能切断一相电源线，不一定切断的是相线，所以不能认为已切断了电源线。

（2）如果电源开关或刀闸开关距触电者较远，可用带有绝缘柄的电工钳或有干燥木柄的斧头、铁锹等将电源线切断。

（3）触电者由于肌肉痉挛，手指握紧导线不放松或导线缠绕在身上时，可首先用干燥的木板塞进触电者的身下，使其与地绝缘来隔断电源，然后再采取其他办法切断电源。

（4）导线搭落在触电者身上或压在身下时，可用干燥的木棒、竹竿挑开导线或用干燥的绝缘绳索套拉导线或触电者，使其脱离电源。

（5）救护者可用一只手戴上绝缘手套或站在干燥的木板、木桌椅等绝缘物上，用一只手将触电者脱离电源。

第二，触电者脱离电源时的安全注意事项。

（1）救护人员不得使用金属或其他潮湿的物品作为救护工具。

（2）未采取任何绝缘措施，救护人员不得直接与触电者的皮肤和潮湿衣服接触。

（3）防止触电人脱离电源后发生二次伤害，如脱离电源后可能出现的摔伤事故。

（4）使触电人脱离电源后，若其呼吸停止，心脏不跳动，如果没有其他致命的外伤，只能认为是假死，必须立即就地进行抢救。

（5）救护工作应持续进行，不能轻易中断，即使在送往医院的过程中，也不能中断抢救。

（6）如触电人触电后已出现外伤，处理外伤不应影响抢救工作。

（7）对触电人急救期间，慎用强心针。

（8）夜间有人触电，急救时应解决临时照明问题。

（9）当交给医务人员救护时，一定要讲清楚此人是触电昏迷的。

第三，现场救护。

触电者脱离电源后，应立即就近移至干燥通风的场所，进行现场救护。同时，通知医务人员到现场并做好送往医院的准备工作。现场救护可按以下办法进行处理。

（1）触电者所受伤害不太严重，神志清醒，只是有些心慌、四肢发麻，全身无力，一度昏迷，但未失去知觉。此时，应使触电者静卧休息，不要走动。同时严密观察，请医生前来或送医院诊治。

（2）触电者失去知觉，但呼吸和心跳正常。此时，应使触电者舒适平卧，四周不要围人，保持空气流通，可解开其衣服以利呼吸，同时请医生前来或送医院诊治。

（3）触电者失去知觉，且呼吸和心跳均不正常。此时，应迅速对触电者进行人工呼吸或胸外按压，帮助其恢复呼吸功能，并请医生前来或送医院诊治。

（4）触电者呈假死症状，若呼吸停止，应立即进行人工呼吸；若心脏停止跳动，应立即进行胸外按压；若呼吸和心跳均已停止，应立即进行人工呼吸和胸外按压。现场救护工作应做到医生来前不等待，送医院途中不中断，否则，触电者将很快死亡。

（5）对于电伤和摔伤造成的局部外伤，在救护中也应作适当处理，防止触电者伤情加重。

1.3.2 电气设备安全用电

本节介绍一般电气设备的用电注意事项，至于深层次的用电设备的安全用电，还应结合具体电气设备的原理、各装置的使用操作说明等来进行。

设备安全是指电气设备及其附属设备、设施的安全。设备安全主要从下列因素考虑。

1. 设备运行安全知识

（1）对电气设备要做好安全运行巡视、检查工作，并及时、准确地填写工作记录和规定的表格，对出现故障的电气设备和线路应及时维修，以免发生或扩大事故。

（2）严格遵守送电、停电操作规定，送电时应先合隔离开关，再合负荷开关；断电时则先断负荷开关，再断隔离开关。

（3）线路出现故障时，若必须停电，则停电范围以满足安全工作为限，不能随意扩大停电范围，要防止突然断电造成的不良后果。

（4）电气设备一般不能受潮，在潮湿场所使用时，要有防雨、防潮措施。电气设备工作时会发热，应有良好的通风散热条件和防火措施；对裸露设备及线路要防止小动物造成意外事故。

（5）电气设备的金属外壳应有保护接地或保护接零措施。电气设备运行时可能会出现一些故障，所以应有短路保护、过载保护、欠压和失压保护等保护措施；在雷击高发区应有防雷措施。

2. 电气设备的安装安全要求

所有电气设备的安装都应严格按照安装规定进行，不能随意变动。例如，配电电器开关绝不允许倒装，如闸刀开关若倒装就可能自动合闸，危及线路检修人员的安全；不能将开关插座或接线盒等直接安装在建筑物上，否则可能在受潮时造成漏电事故。

3. 移动电气设备的安全要求

安全电压是指在各种不同工作使用环境中，正常情况下人体接触到该电压带电体后不发生损害。交流工频安全电压的上限值，在任何情况下，两导体间或任一导体与地之间都不得超过 50 V。我国工频电流的安全电压的额定值为 42 V、36 V、24 V、12 V、6 V。一般应根据作业场所、操作员条件、使用方式、供电方式、线路状况等因素选用相应的安全电压等级。安全电压有一定的局限性，它仅适用于小型电气设备，如手持电动工具等。

不同场所对电气设备的安装、维护、使用及检修有不同的要求。现按触电的危险程度将电气设备的工作场所分为以下几类。

（1）无高度触电危险的建筑物（即一般场所）。其特点是室内干燥（相对湿度不大于 75%，气温不低于 5℃），空中无导电粉末，金属占有系数小于 20%（占有系数指金属品所占面积与建筑物总面积之比），地面由非导电性材料（如干木材、沥青、瓷砖或塑料贴面）制成。例如，住宅、公共建筑物与生活建筑物，仪表装配间、装有空调的实验室和控制室等建筑，在这种场所，各种易接触到的电器、携带型电气工具的使用电压不应超过 220 V。

（2）有高度触电危险的建筑物（即危险场所）。其特点是室内环境潮湿（相对湿度大于 75%），高温（气温高于 30℃），室内含有导电粉末，有暂时性的蒸汽出现，金属占有系数大于 20%，地面为泥、砖钢筋混凝土或金属等导电性地面，或地面虽铺有绝缘材料，但常处于潮湿状态。例如，室内外配变电所、水泵房、压缩机站、无空调的办公室、食堂的厨房等，在此种场所各种易接触到的电器、携带型电气工具的使用电压不超过工频 36 V。

（3）特别易触电危险的建筑物（即特别危险场所）。其指环境特别潮湿（相对湿度达100%），地面、天花板与墙壁经常是潮湿状态的建筑物，有腐蚀性蒸汽、煤气或游离物的建筑物及具有上述两个或两个以上特征的建筑物，如锅炉房等。在这种场所，各种易接触到的电器、携带型电气工具的使用电压不超过 12 V（特低安全电压）。在金属容器内、隧道内等工作场合，狭窄、行动不便及周围有大面积接地导体的环境，应采用的安全电压为12 V。水下作业采用的安全电压为 6 V。

4. 电气设备绝缘

电气设备绝缘良好是其安全用电和人身安全的必要保证。船舶工作环境非常恶劣，电气设备经常工作在高温、高湿、高盐雾、高油雾及易生霉菌的条件下，还会受到很大的冲击与振动，所以保证船用电气设备的良好绝缘就显得更为重要。

电气设备的绝缘功能由绝缘材料予以实现，其寿命在很大程度上取决于绝缘材料的寿命。在实际应用中，绝缘材料寿命的主要影响因素是其热稳定性（耐热性），用额定温升予以表征，即电气设备在额定运行状态时的最高允许温度与标准环境温度之差。当电气设备的温升超过其绝缘材料的最高允许温度时，将使绝缘材料加速老化以致产生热击穿而损坏电气设备，所以在使用中，电气设备的温升不得超出其绝缘材料的允许温度。

船舶电网的绝缘状态的好坏用其绝缘电阻予以表征，分为静态绝缘电阻及动态绝缘电阻两种。电网断电时用便携式兆欧表测得的绝缘电阻为静态电阻，而电网带电时用配电板式兆欧表测得的绝缘电阻为动态电阻。由于动态电阻是电气设备正常运行时测得的，反映了环境（温度、湿度、盐雾、油雾等）和电网电压、频率所引起的介质损耗、极化及机械振动等因素的影响，因此，能够更为真实地表征电网的绝缘状况。

各类船舶电气设备的动态绝缘电阻最低允许值可以参见相关规范。

1）电气设备的额定值

电气设备的额定值为电气设备在给定的工作条件（环境条件、使用条件）下正常运行各电气参数（电压、电流、频率、功率、功率因数、温升等）的允许值。若电流超过额定值，会温升超限，产生热击穿。当电压超出额定值过大时，绝缘材料会产生高电压击穿。各允许参数由设备制造厂家规定。

在实际应用中，电压、频率必须等于额定值，而电流、功率、功率因数等参数主要取决于负载的大小及其性质，不是总与额定值相等，但一般不超过额定值。

电气设备按额定值工作时应注意以下几点：

（1）一般而言，电气设备允许短暂过载。

（2）实际环境温度超过标准环境温度时，应采取减载或加强冷却散热等措施。

（3）不同工作制的电气设备不能相互替换。

2）常用绝缘材料的类型与等级

第一，绝缘材料类型。

绝缘材料依不同分类方法有多种类型。从形态上分有气体、液体、固体三类。其中，固体材料又可分为无机绝缘材料、有机绝缘材料、混合绝缘材料及有机硅绝缘材料。

（1）无机绝缘材料，耐热性好，不燃烧，不分解，如陶瓷、玻璃等。

（2）有机绝缘材料，耐热性差，高温下会分解、燃烧或炭化，易老化，如树脂、橡胶等。

（3）混合绝缘材料，为无机有机混合物，强度高，耐热，如以有机纤维材料补强的云母、石棉等。

（4）有机硅绝缘材料，介于有机物与无机物之间的合成物，耐高温，如有机硅绝缘漆、有机硅橡胶等。

第二，绝缘材料等级。

根据最高允许温度的不同，各种绝缘材料可划分为七个等级。船舶电气设备多采用 E 级、B 级材料。其中液体材料有浸渍漆、覆盖漆等；固体材料有各种绝缘带，常用绝缘薄膜和复合箔、电绝缘纸和纸板及电工常用层压制品。

3）提高电气绝缘的方法

在电气设备的寿命期内，其绝缘性能下降的主要影响因素有发热、材料具有吸湿性、振动及霉菌作用等。因此，提高电气绝缘主要应提高材料的热稳定性、抗潮性、抗生物性和机械强度。

采用浸渍漆浸渍线圈等部件可以增加绝缘材料导热能力、抗潮性及机械强度。采用覆盖漆可提高机械强度和抗潮性。电绝缘纸经浸渍处理也可以提高抗潮性和导热能力。在漆中添加防霉剂，可提高抗生物性。复合箔的抗撕裂性与表面挺括性也较好。另外，发电机、主令控制器内设有的电加热设备也提高了抗潮性能。

4）绝缘安全用具

为了保证电气工作人员在电气设备运行操作、维护检修时不致误碰带电体，规定了工作人员离带电体的安全距离；为了保证电气设备在正常运行时不会出现击穿短路事故，规定了带电体离附近接地物体和不同相带电体之间的最小距离。

绝缘安全用具是保证从业人员安全操作带电体及人体与带电体之间的距离不够安全距离时所采取的绝缘防护工具。绝缘安全用具按使用功能可分为如下几类。

第一，绝缘操作用具。

绝缘操作用具主要用来进行带电操作、测量和其他需要直接接触电气设备的特定工作。常用的绝缘操作用具，一般有绝缘操作杆、绝缘夹钳等，如图1-3-4所示。这些绝缘操作用具均由绝缘材料制成。正确使用绝缘操作用具，应注意以下几点。

（1）绝缘操作用具本身必须具备合格的绝缘性能和机械强度。

（2）只能在和其他绝缘性能相适应的电气设备上使用。

第二，绝缘防护用具。

绝缘防护用具则对可能发生的有关电气伤害起到防护作用，主要用于对泄漏电流、接触电压、跨步电压和其他接近电气设备时存在的危险等进行防护。常用的绝缘防护用具有绝缘手套、绝缘靴、绝缘隔板、绝缘站台、绝缘垫等，如图1-3-5所示。当绝缘防护用具的绝缘强度足以承受设备的运行电压时，才可以用来直接接触运行的电气设备，一般不直接触及带电设备。使用绝缘防护用具时，必须做到使用合格的绝缘防护用具，并掌握正确的使用方法。

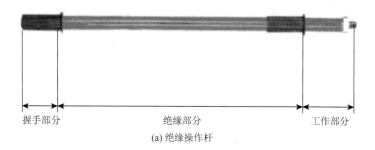

握手部分   绝缘部分   工作部分

(a) 绝缘操作杆

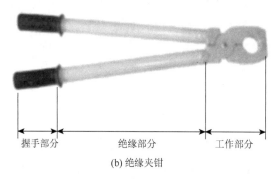

握手部分   绝缘部分   工作部分

(b) 绝缘夹钳

图 1-3-4   绝缘操作用具

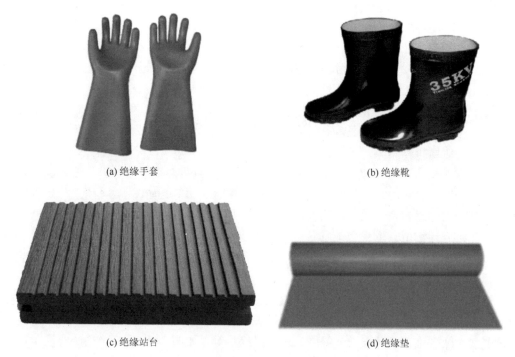

(a) 绝缘手套   (b) 绝缘靴

(c) 绝缘站台   (d) 绝缘垫

图 1-3-5   绝缘防护用具

1.3.3　电气防火与防爆

电气火灾和爆炸是危害性极大的灾难性事故。其特点是，电气火灾火势凶猛，蔓延迅速，既可能造成人身伤亡，又可造成设备、线路及建筑物的重大破坏，还可造成大规模、长时间停电，给国家财产造成重大损失。

引起电气火灾和爆炸的原因是广泛性的。几乎所有的电气故障都可能导致电气着火，特别是在易燃易爆场所，较高的温度和微小的电火花也可能引起着火或爆炸。因此，普及有关常识和制定相关防护措施很有必要。

1. 产生电气火灾与爆炸的原因

电气火灾是指由电气原因引发燃烧而造成的灾害。短路、过载、漏电等电气事故都有可能导致火灾。设备自身缺陷，施工安装不当，电气接触不良，雷击静电引起的高温、电弧和电火花是导致电气火灾的直接原因。周围存放易燃易爆物是电气火灾发生的环境条件。

燃烧是一个氧化过程，它取决于温度、助燃物（如空气中的氧）和可燃物。各种电气设备的绝缘物大多是可燃物质，一旦超过危险温度便可能引发事故。

经验表明，产生电气火灾与爆炸的原因有以下几点。

（1）电气设备或导体过电流造成的过热。

其原因有：使用不当而使电气设备或线路过载引起的发热；绝缘损坏或老化引起过热，发生接线错误或者人为因素造成的电气短路而使线路或设备温度急剧上升；雷击产生巨大热量。

（2）在电流回路中，局部电阻增大导致电气设备或线路的局部发热过度。

这些部位多是活动触头、松动的接头等，其接触电阻过大，在接触部位发生过热而引起火灾。

（3）电火花、电弧的温度很高产生的热量。

引起电火花的原因是正常运行时开关的开与合、电机电刷滑环的摩擦产生火花；故障时短路接地、导线松脱、机械碰撞、感应放电等产生电火花和电弧；雷电闪络或静电放电时产生电弧或电火花。

（4）电气设备运行中，由于通风、散热不良，设备过热。

（5）电气设备在故障情况下运行，引起设备发热或烧毁。

例如，电气设备内部的铁心绝缘损坏或长时间过电流使其涡流损耗与磁滞损耗增加而引起过热；电动机绕组局部短路、接地；电源单相等。

（6）运行操作不正确或维护不当导致发热。

（7）电压过高或过低，使电动机或电器线圈过热。

例如，带负荷拉合刀闸；在施工作业中乱接电源线（如照明线路接用电炉），造成线路过载或短路。

（8）可燃物（气体、液体或固体）遇到电气开关设备的通断产生电弧或电火花、静电放电火花，或者遇到各种热源，引起火灾，甚至爆炸。

2. 电气消防知识

导致电气火灾的原因很复杂，不可能绝对杜绝电气火灾的发生，所以有必要了解一定的消防知识。电气火灾的特点是着火后电气设备可能是带电的，有些电气设备本身还充满大量的油，可能会发生喷油，甚至爆炸。如果发生了火灾，应立即报警，同时立刻进行扑救。

1）灭火前的安全组织措施

（1）火灾及爆炸危险场所的注意事项。

火灾及爆炸危险场所的工作人员应该具备消防安全知识，严格按照有关规程和制度从事工作，电气维修人员应加强检查及安全防范工作。在爆炸危险场所，一般不应进行测量工作，更换灯泡等工作也应在停电之后进行。

（2）发生火灾和爆炸必须具备的条件。

一是在环境中要存在有足够数量和浓度的可燃易爆物质。二是要有引燃或引爆的能源。前者又称危险源，如煤气、石油气、酒精蒸汽、各种可燃粉尘、纤维等；后者又称火源，如明火、电火花、电弧和高温物体。三是要有氧气或空气。因此，电气防火防爆措施应着力于排除上述危险源和火源。

2）灭火前的电源处理

发生电气火灾时，应尽可能先切断电源，而后再采用相应的灭火器材进行灭火，以加强灭火效果和防止救火人员在灭火时发生触电。切断电源的方法及注意事项有以下几个方面。

（1）切断电源。

切断电源（停电）时切不可慌张，不能盲目乱拉开关，应按规定程序进行操作，严防带负荷拉刀闸，避免引起闪弧，造成事故扩大。火场内的开关和刀闸，由于烟熏火烤，其绝缘性会降低或破坏，操作时应戴绝缘手套，穿绝缘靴，并使用相应电压等级的绝缘用具。

（2）切断带电线路导线。

切断点应选择在电源侧的支持物附近，以防导线断落地上造成短路或触电事故。切断低压多股绞合线时，应分相一根一根地剪，不同相电线要在不同部位剪断，且应使用有绝缘手柄的电工钳或带上干燥完好的手套进行。

（3）切断电源（停电）的范围。

范围要选择适当，以防断电后影响灭火工作。若夜间发生电气火灾，切断电源时应考虑临时照明问题，以利于扑救。

（4）需要电力部门切断电源时，应迅速用电话联系并说清地点与情况。

3）带电灭火的安全措施

如果处于无法切断或不允许切断电源、时间紧迫来不及断电或不能肯定已断电的情况下，应实施带电灭火措施。它是一种蕴含着一定危险性的、不得已的做法，为防止人身触电，带电灭火应注意以下安全要求。

（1）使用干粉灭火剂。

应使用二氧化碳、四氯化碳、1211、干粉灭火剂，这类灭火剂不导电。不得使用泡沫灭火剂和喷射水流类导电性灭火剂。

（2）警戒范围。

若高压电气设备或线路导线断落地面发生接地时,应划出一定的警戒范围以防止跨步电压触电。室内,扑救人员不得进入距故障点4 m以内的范围;室外,不得进入距故障点8 m以内的范围。当必须进入上述范围内时,必须穿绝缘靴,接触设备外壳和构架时,应戴绝缘手套。

（3）灭火工具。

用水枪灭火时宜采用喷雾水枪,同时必须采取安全措施。例如,穿戴绝缘手套、绝缘靴或均压服等进行操作。水枪喷嘴应可靠接地。接地线可采用截面面积为 2.5～6 mm^2、长 20～30 m 的编织软导线,接地极可用临时打入地下的长 1 m 左右的角钢、钢管或铁棒。

（4）注意事项。

用四氯化碳灭火剂灭火时,灭火人员应站在上风侧,以防中毒,灭火后要注意通风。扑救架空线路的火灾时,人体与带电导线间的仰角应不大于45°并站在其外侧,以防导线断落引起触电。未穿绝缘靴的扑救人员,要注意防止地面的水渍导电而发生触电。

（5）变压器等电器的灭火。

若遇到变压器、油断路器、电容器等油箱破裂,火势很猛时,一定要立即切除电源并将绝缘油导入储油坑。坑内的油火可采用干砂和泡沫灭火剂等扑灭。地面的油火则不准用水喷射,以防止油火飘浮水面而扩大。此外,还要防止燃烧着的油流入电缆沟内引起蔓延。

（6）电动机的灭火。

工作着的电动机着火时,为防止设备的轴与轴承变形,应使其慢速转动并用喷雾水枪扑救,使其能均匀地冷却。也可采用二氧化碳、四氯化碳、1211灭火剂扑救,但不可使用干粉、砂子或泥土等灭火,以免造成电机的绝缘和轴承受损。

3. 电气设备的防火要求

（1）电气设备的负荷量在额定值以下,不得超载长期运行,电压、工作制及使用环境应符合铭牌要求。

（2）电气设备安装质量必须符合要求。

（3）严格按环境条件选择电气设备。

（4）防止机械碰伤损坏绝缘。

（5）导体连接牢靠,防止松动。

（6）按要求定期测量绝缘电阻,发现绝缘电阻过低时,应查明原因及时处理。

（7）注意日常维护、保养和清洁工作,防止水溅到电器上。

（8）及时排除电器故障。

（9）易燃、易爆场所应使用防爆电气设备。

4. 船舶电气设备的防火与防爆

1）普通船舶电气设备的防火防爆
前面已经提到,发生电气火灾应存在可燃气体或物体,有火源或高温,有氧气或空气,若混合气体在爆炸极限内则会发生爆炸。引起船舶电气设备火灾的原因很多，为了避免电气火灾的发生，应做到：

（1）经常检查绝缘电阻，确保设备绝缘性能良好；

（2）导线应限流，不能长期过载；

（3）按工艺要求进行电气安装，不得乱接线；

（4）在易燃易爆场合应使用防爆电器；

（5）接触点要牢固，防止松动、过热氧化，铜-铝导体连接应注意防止电化学腐蚀；

（6）注意舱室通风，避免油气积聚；

（7）按要求使用易燃品。

船舶上发生电气火灾时，应使用正确的工具与方法扑灭。以下简要介绍船舶上可用的灭火器具。

（1）二氧化碳灭火系统：灭火效果好，速度快，不损伤设备。

但要注意：二氧化碳气化时，可达-78.5℃，所以要严防冻伤；当氧气浓度稀释到10%以下时，可使人窒息，所以要谨防人员窒息；不能与水或蒸汽一起使用，否则将降低灭火效能。

（2）干粉灭火器：灭火迅速，效果好，但成本高，多用作小范围灭火。

干粉灭火器在使用时，在压缩的氮气或二氧化碳气体驱动下，喷射在燃烧物上，形成微粒的隔离层，在火焰中受热反应后，分解出不燃性气体和粉雾，稀释氧气和阻碍热辐射，使燃烧连锁反应终止，其缺点是粉粒附在电器上，善后处理困难。

（3）1211灭火器：灭火效果好，但破坏大气臭氧层，目前一般已停用。

它是卤代烃灭火剂的一种，符号为 BCF，其灭火原理是在火焰中分解出卤族元素的游离基，从而夺取燃烧中的氧和氢氧游离基，形成稳定分子，使燃烧连锁反应停止，从而抑制了燃烧，其毒性、腐蚀性小，绝热性强，稳定性好。

对于已切断电源的电气设备灭火，也可采用水系统，但会使设备绝缘受损，最后还应进行绝缘处理，以使绝缘达到允许值。若火势不大，一般不用水系统灭火。

2）油船电气设备的防火防爆

较之普通船舶，油船的防火防爆显得更为重要。油船上的电气火灾除上述原因外更易被静电引起。静电就是物理性质不同的两个对地绝缘体紧密接触并发生相对运动，当其分开后，在各自表面将产生等量异号束缚电荷的现象。因此，对于油船电气设备的防火防爆有一些特殊的要求。

第一，油船危险区域划分。

第一类区域为货油舱、垂直隔舱。

第二类区域为水平隔离空舱、货油泵舱、输油软管储藏室；货油舱及水平隔离空舱上部相邻舱室；直接与货油舱相邻的通道和舱室（垂直隔离空舱除外）。

第二，油船电气设备的防火防爆要求。

首先，介绍对配电系统的防火防爆要求。

（1）必须为对地绝缘系统：直流为双线绝缘系统，交流单相为双线绝缘系统，交流三相为三线绝缘系统。

（2）除下列情况外，发电机电路、供电及配电电路均不应接地，也不能以船体为回路：仪表互感器次级绕组接地、抗无线电干扰的电容器接地、网络绝缘监测装置接地及内燃机起动、点火系统接地。

（3）不同电压网络不应有电气上的连接。

然后，介绍对电缆和电气设备的防火防爆要求。

对于危险区域，原则上不应敷设电缆和安装电器设备，若必须安装，则应使用防爆式电器或本质安全型电器（在正常和故障时都不会引燃可爆气体），不得安装插座，照明灯具应符合规范要求；泵舱照明采用两路馈电且灯点交错布置；电缆应用气密电管敷设或使用护套电缆，出入舱室电缆孔应以填料分隔；防爆电气设备与货油舱透气管出口端距离不小于 3 m，透气管出口端应高出桅杆至少 1 m；装于露天甲板安全区域内的插座应带有连锁开关；油船上严禁张挂彩灯。

最后，介绍防静电要求。

（1）油管、舱口盖、索具应可靠接地。

（2）电气设备金属外壳将保护接地作为防静电接地。

（3）控制货油流速、洗舱水压力与流速。

（4）在卸油、排压载水或洗舱前应向舱内充注惰性气体，并在航行期内注意补充（无论舱内装油还是压载水）。

（5）人员应着防静电服及鞋。

1.3.4　船舶电气设备的接地和接零

船舶电气设备接地就是将电气设备的金属外壳支架或电路中某一点通过接地装置与钢质船体进行良好的永久性电气连接。

电气设备有多种接地形式，其中保护接地与保护接零用于保证人身安全，工作接地用于确保电气设备的正常工作，屏蔽接地用于防无线电干扰。

1. 基本概念

1）中性点与中性线

发电机、变压器、电动机和电器的绕组中，以及串联电源回路中有一点，它与外部接线端间的电压绝对值均相等，称为中性点。例如，星形连接的三相电路中，三相电源或负载连在一起的点称为中性点，中性点引出的导线称为中性线；当中性点接地时称为零点，由零点引出的导线称为零线，如图 1-3-6 所示。

2）中性点接地工作方式

中性点分接地与不接地两种工作方式。

中性点不接地工作方式的优点是发生单相接地时仍能照常运行一段时间，但实际上这种工作方式是电容接地，如图 1-3-7 所示。当线路较长时，电容电流较大，此时将失去前述优点；若线路很短，接地故障电流不能使继电器有准确的选择性动作，从而造成检查与隔开故障线路的困难。当单相接地时，有可能发展成两相接地短路，影响电力系统的稳定。而且由于单相故障时间可能维持较长，在电容电流起弧情况下会产生很差的波形，对通信等弱电流线路有很大的电磁危险。

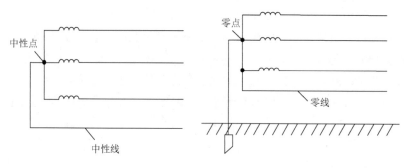

图 1-3-6   中性点与中性线

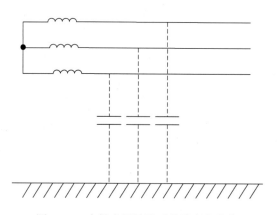

图 1-3-7   中性点不接地时线路电容分布

为了电力系统正常运行，常采用中性点直接接地工作方式。直接接地工作方式的特点如下。

（1）在中性点绝缘系统中，当发生某一相接地电流很小时，其保护装置很有可能不能迅速切断电源，但在中性点接地系统中该接地电流则为很大的单相接地短路电流，它能使保护装置准确快速地切断故障电流。

（2）在中性点接地系统中，相间电压固定，则有关电气设备的绝缘水平可按相电压考虑，可以减少投资费用。对 380 V 及以下的低压网，可以将相电压作为照明电源，减少变压器及有色金属的消耗。

（3）降低人体的接触电压。在中性点绝缘系统中，当发生某一相接地或碰壳，而人体又触及另一相时，人体的接触电压将超过相电压而成为线电压，但若中性点接地，人体遭受的接触电压近似为相电压。

在直接接地网中由于单相接地短路，电流很大，有时甚至超过三相短路电流，会严重损坏电气设备及线路；因为正序电压会降低很多，电力系统不稳定，且对通信等弱电线路也有很强的电磁危险与干扰影响，所以采用中性点通过电阻、电抗或消弧线圈等接地的工作方式。

3）接地

接地是指电气设备或装置的某一可导电部分与大地之间的电气连接。它可分为电气装置或电气线路的带电部分与大地之间意外连接的故障接地；为保证电气设备和人身的安全，利用大地为正常运行、绝缘损坏或遭受雷击等情况下的电气设备等提供对地电流回路的人为正常接地。按接地的不同作用，正常接地又可分为保护接地和工作接地。

2. 保护接地

保护接地用于三相绝缘系统，适用于多数船舶，该方法是将电气设备不带电的金属部分与钢质船体进行可靠的电气连接，以保证人身安全。当设备绝缘下降或一相碰壳时，若未采用保护接地，如图 1-3-8（a）所示，人触及带电外壳就相当于单相触电。此时触电电流 I_d 完全通过人体流入大地，故十分危险。若采用了保护接地，如图 1-3-8（b）所示，此时触及外壳，因接地电阻 R_b 远小于与其并联的人体电阻 R_r，则即使发生触电情况，绝大部分触电电流经接地电阻 R_b 流向大地，从而流过人体的电流近似于零，起到了保护作用。一般保护接地电阻不大于 4 Ω。

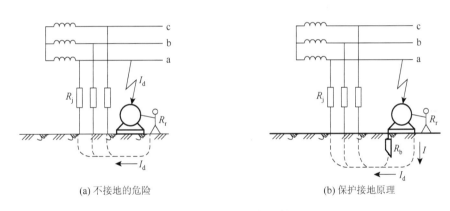

(a) 不接地的危险　　　　　　　　　　　　　(b) 保护接地原理

图 1-3-8　不接地与保护接地

3. 保护接零

对于中性点接地的三相四线系统，一般采用保护接零实现人身安全保护。保护接零是将电器设备外壳等不带电的金属部件与系统零线相连接，如图 1-3-9 所示。若设备单相碰壳，则经零线产生单相短路，短路电流很大，足以使保护开关动作而保证了人身安全，同时也保证了其他设备的正常工作。

对于船体为中性线的三相四线系统，接零即接地，它一般以接零方式实现保护。在同一电力网中，不允许一部分设备保护接地，另一部分设备保护接零。如图 1-3-10 所示，若保护接地设备单相碰壳，则电流经两个约 8 Ω 的接地电阻构成回路，使电流不够大，不足以使保护开关动作切断电路，从而使两外壳间存在相电压，其各自对地电压为 1/2 相电压，因而增加了触电危险性。

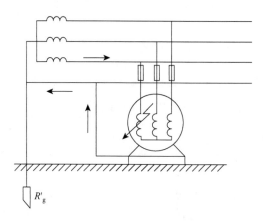

图 1-3-9　保护接零图

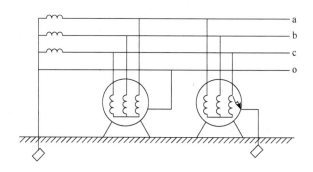

1-3-10　同一电网中两种保护

保护接地的主要要求如下。

（1）电气设备金属外壳均必须进行保护接地，但下列情况除外：①工作电压小于 50 V 的设备。②具有双重绝缘设备的金属外壳和为了防止轴电流的绝缘轴承座。

（2）当电气设备直接紧固在船体的金属结构上，或紧固在船体金属结构有可靠电气接地的底座（或支架）上时，可不另设专用导体接地。

（3）无论是专用导体接地还是靠设备底座接地，其接触面光洁平贴，接触电阻不大于 0.02 Ω，并有防松防锈等措施。

（4）电缆的所有金属护套或金属覆层必须有连续的电气连接，并可靠接地。

（5）接地导体应用铜或其他耐腐蚀的良导体制造，接地导体的截面积应符合规定。

（6）可携式电气设备的铜接地芯线的截面积与电源线截面积应满足要求。

4. 重复接地

在采用保护接零的中性点接地的三相四线系统中，为确保保护接零方式的安全可靠，防止中性线断裂造成的危害，系统中除了工作接地外，可在中性线的其他部位再进行必要的接地，称为重复接地，如图 1-3-11 所示。

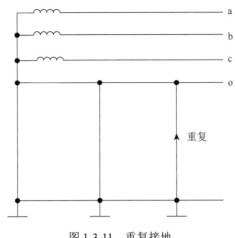

图 1-3-11　重复接地

重复接地的作用如下。

（1）当系统发生接地短路时，可降低零线的对地电压，以减轻故障程度。若零线折断，断线后方有设备外壳故障带电。若无重复接地，接在断线前的设备外壳几乎没有对地电压，但断线后方所有设备外壳都有约等于相电压的对地电压，触电危险性大；若有重复接地，则接在断线前后的设备所带电压或多或少被拉平，断线后的设备外壳所带电压会远低于相电压（当两个接地电阻相同时，断线后方设备对地电压能降到原来的一半），虽说此电压可能仍是危险电压，但能使故障的程度减轻，所以要注意零线敷设质量。

（2）对于干线部分保护零线与工作零线完全共用的系统（简称 TN-C 系统），系统中零线断线后方若有不平衡负荷，其中性点会发生位移，从而引起各相负荷端的电压发生变化，负荷容量大的相端电压变小，而负荷容量小的相端电压变大，使各相负荷都不能正常工作，严重时某些相负荷的相电压可能接近线电压而使电气设备烧毁。若有重复接地，能减少中性点的位移程度，从而减轻其相关危害。在实际工作中，为避免零线失灵所带来的危险，常考虑敷设专用零线进行保护接零，且装设漏电保护器作为辅助安全措施。

在 TN-C 系统中，用保护接零的保护效能要好于保护接地的保护效能。但在具体实施过程中，如果稍有疏忽大意，没有严格按照规程要求实施，保护接零系统导致的触电危险性仍然是很高的。如连接设备的保护线（PE）发生断线，一旦发生设备绝缘损坏碰壳故障，不仅不能形成单相金属性短路，还会使得电器设备的外壳带电，危及人身和设备安全，所以对保护零线有特殊的要求。

5. 工作接地

为了保证在正常或事故情况下，电力设备能可靠地工作，需要在电力系统中某一点（如发电机或变压器的中性点、防止过电压的避雷器的某点）直接或经过特殊装置与大地进行可靠的金属性连接，称工作接地。其作用是保持系统电位稳定性，当配电网的某一相接地时，也有抑制电压升高的作用。在单线制电源网络中，将电源系统中某点通过接地装置与钢制船体进行可靠的电气连接就是工作接地，如图 1-3-12 所示。系统正常工作时，接地线中通有电流。

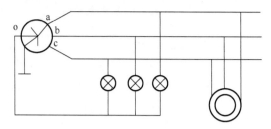

图 1-3-12　工作接地

工作接地的主要要求如下。

（1）工作接地与保护接地不能共用接地装置。

（2）工作接地应接至船体永久性结构或者与之永久连接的基座或支架上。铝质上层构件的工作接地应接至船体钢质部分。

（3）接地点应位于易检修、不易受机械损伤之处，不能固定于船壳上。

（4）平时不载流的接地线性能与载流导线相同，截面积为载流导线的一半。

（5）接地线应用直径不小于 6 mm 的专用螺钉固紧。

（6）以船体为回路的接地线截面积应与绝缘敷设的同极（相）导线相同，不得用裸线。接地线应尽量短，接地电阻不大于 0.01 Ω，并妥善固定。

6. 其他接地方式

电气设备为什么要接地？从安全角度来理解是，消除漏电危害，电气设备如果通电部分的绝缘性能欠佳，就会轻则感到"麻手"，重则伤人，倘若接地，漏电电流就会沿地线流入大地，从而保护了人身安全，避免电击。电气设备上的避雷器是一种防止雷击的器件，必须埋好接地线，以便引雷入地，消除感应。电气设备会受到静电感应，如果机壳接地，就可将感应电荷安全地导入地中。

1）防雷接地

为防雷击而进行的接地称为防雷接地。船舶上避雷针应设置于桅顶且高出其上至少 300 mm。钢桅的避雷针直接焊在上面，无须接地。

防雷装置包括接闪器、支柱、引下线和接地体。接闪器包括避雷针、避雷线、避雷带、避雷网等。

2）防静电接地

防静电接地是为了消除生产过程中产生聚集静电荷，对设备、管道和容器等所进行的接地。

3）屏蔽接地

为了防止电磁感应而对电力设备的金属外壳、屏蔽罩、屏蔽线的外皮或建筑物金属屏蔽体等进行的接地称为屏蔽接地。其接地图与原理图如图 1-3-13、图 1-3-14 所示。

根据静电感应原理，屏蔽于内部的带正电的导体 A 于屏蔽壳外表面感应出等量正电荷，其电场将对壳外仪器产生电磁作用，如图 1-3-14（a）所示；此时若将其外壳可靠接地，如图 1-3-14（b）所示，则外壳面的电荷将导入大地而消除了导体 A（干扰源）对壳外仪器的干扰。

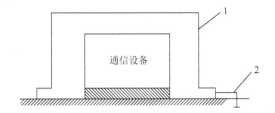

图 1-3-13　屏蔽接地

1—屏蔽罩；2—接地

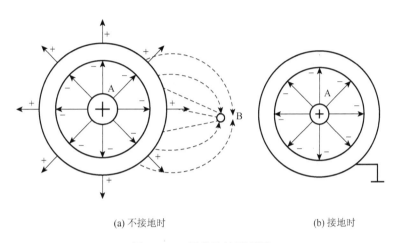

(a) 不接地时　　　　　　　　　　　　　　(b) 接地时

图 1-3-14　屏蔽接地原理图

第2章

电机基本原理与结构

    直流电机包括直流发电机与直流电动机。直流发电机把机械能转换为直流电能；直流电动机把直流电能转换为机械能。

    直流电机是以直流电为主要电源的船舶上的重要电工设备。在这些船舶上，直流发电机用来向全船电气设备供电；直流电动机用来拖动工作机械。由于具有良好的起动、制动和调速性能，直流电动机适用于对起动和调速性能要求高的工作机械，如舵机、锚机、推进电机等。当然，作为最早出现的电机类型，直流电机存在一些缺点，如结构上比交流电机复杂，可靠性较差，在电刷下易产生火花，维护保养工作繁重等。因此，在新型船舶上越来越多地采用交流电作为船舶的主要电源。但是，直流电仍然是现有的常规潜艇等船舶上的主要电源，在这些船舶上大多采用直流电机来产生电能和拖动工作机械。

    本章主要介绍直流电机的构造和工作原理问题。

2.1　直流电机基本原理与结构

    直流电机的工作基于电磁感应与电磁力定理。直流发电机是使绕组在磁场中旋转感生出交流电，经换向器和电刷整流为输出的直流电。直流电动机是将直流电通过换向器和电刷变为交流电后再引入绕组中，使该绕组在磁场中产生恒定的转矩来拖动工作机械。

2.1.1　直流发电机的基本工作原理

    图 2-1-1 所示是一个最简单的直流发电机模型，两个磁极由永久磁铁制成，在空间固定不动。磁极分别为 N 极和 S 极。在两磁极之间安放一个线圈 abcd，线圈的两根端线焊接在两个互相绝缘且与轴同步旋转的两个半圆形的铜环上，这两个铜环称为换向器。换向器上放置电刷 A、B，电刷在空间是固定不动的。通过电刷与换向器接触可将负载和线圈构成一个闭合电路。

    若该线圈由原动机带动，逆时针方向恒速旋转，根据电磁感应定律可知，每一导体中将感应电势，电势方向由右手定则确定，在图 2-1-1 所示瞬间，导体 ab 中的电势方向由 b 至 a，而导体 cd 中的电势则由 d 至 c。当线圈旋转 180°，导体 ab 中的电势方向由 a 至 b，而导体 cd 中的电势则由 c 至 d。为了便于讨论，设导体处于 N 极下时电势为正。当线圈旋转时，每根导体轮流处于 N 极与 S 极下，导体中电势为正、负交替变化的交变电势。导体电势瞬时值为

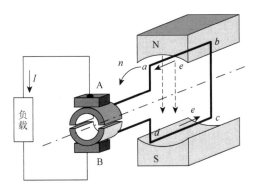

图 2-1-1　直流发电机模型

$$e = Blv \tag{2-1-1}$$

式中：B——导体所处位置的磁感应强度；

　　　l——导体有效长度；

　　　v——导体的线速度。

由于导体有效长度 l 是不变的，当发电机转速为恒值时，导体电势将随磁感应强度 B 正比变化。在直流电机中，磁极下磁感应强度 B 沿空间的分布如图 2-1-2（a）所示，则与之成正比的导体电势随时间的变化如图 2-1-2（b）所示，从图中可见，导体电势 e 在时间上的变化规律和磁感应强度 B 在空间上的分布波形是相同的。

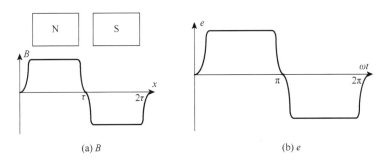

图 2-1-2　导体中感应电势的波形

从图 2-1-1 可见，线圈电势为两根导体电势之和，即 $e_{da} = e_{ba} + e_{dc} = 2e$，线圈电势为导体电势两倍，因此，线圈电势对时间的变化波形也如图 2-1-2（b）所示，也就是说，线圈电势是交变电势。

由上述发电机模型所述可知，直流发电机线圈中的电势是交变的。但是通过电刷和换向片以后，在电刷 A、B 两端引出的电势则为直流电势。如图 2-1-1 所示瞬间，线圈电势方向是由 d 到 a，故线端 a 及与它相连的换向片 A 为正极（此处注意感应电势的方向是从负指向正的）；d 及与它相连的换向片 B 为负极，电刷 A、B 之间电势 e_{AB} 为正值。当电枢转过 180°后，导体 ab 处于 S 极下，导体 dc 处于 N 极下，这时它们的电势方向均相反，于是线圈电势也变为由 a 指向 d。此时，a 为负极，d 为正极。而此时与线端 a 相连的换向片也移到下面，变为与电刷 B 接触，故 B 刷仍为负极；而与线端 d 相连的换向片变为与电刷 A 接触，所以 A 刷也仍为正极，也就是说电刷 A、B 之间电势方向不变，即 e_{AB} 仍为正值。由此可见，当电枢旋转时，虽然线圈本身的电势是交变电势，但因换向器随线圈旋转，而电刷静止不动，故电刷 A、B 的极性不变，电势 e_{AB} 为一脉动的直流电势，如图 2-1-3 所示。

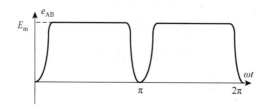

图 2-1-3　单线圈时电刷输出的电势波形

从图 2-1-3 可见，利用换向器后电刷间的电势虽然方向不变，但在最大值 E_m 与 0 之间脉动，不能满足实际的需要。为了减小这种脉动，可以通过增加线圈和换向片的数目来达到目的。实际应用的直流电机，在转子上均匀开有一定数量凹槽，其中嵌入一定数量的线圈，线圈数和换向片数的增多，使电刷间的电势脉动程度大大减少。通常当每极下的线圈大于 8 时，其电势最大或最小瞬时值与平均值之差小于平均值的 1%，故可以认为是恒定的直流电势，如图 2-1-4 所示。

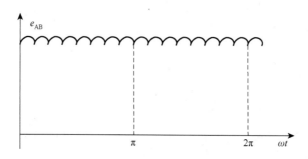

图 2-1-4　采用 8 个线圈串联后的输出电势波形

2.1.2　直流电动机的基本工作原理

图 2-1-1 所示模型电机，如将直流电源接到两个电刷上，便是直流电动机的模型，如图 2-1-5 所示。

图 2-1-5 中假定电刷 A 接电源正极，电刷 B 接电源负极。当导体 a 在 N 极下时，线圈电流由 a 端流入由 d 端流出，如图 2-1-5 所示，根据左手定则可知，此时作用于两根导体上的电磁力 F 形成逆时针方向的电磁转矩 T，因而使电枢逆时针方向旋转。当导体 d 转到 N 极下时，线圈电流方向变为由 d 端流入由 a 端流出，根据左手定则可知，此时作用于两根导体上的电磁力仍然是使电枢按逆时针方向旋转，即电磁转矩的方向是恒定的，注意此时线圈中的电流是交变的。

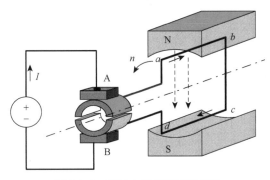

图 2-1-5　直流电动机的工作原理

　　从上述分析可知，在直流电动机中，虽然加在电刷上的是直流电，但在电枢旋转过程中，换向器的作用使线圈中流过交流电流，从而使作用于线圈上的电磁转矩方向不变，当然，对于一个线圈来说，它产生的电磁力与电磁转矩在数值上也是脉振幅度较大的（图 2-1-6）。与感应电势类似，在实际电机中，由于线圈数和换向片数较多，对于整个电枢来说，由各个线圈产生的总的电磁转矩，不仅方向一定且数值上也是基本恒定的。

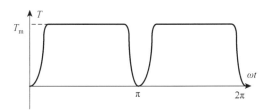

图 2-1-6　电磁转矩波形

2.1.3　直流电机的主要结构

　　直流发电机和直流电动机在结构上是相同的，它们都是由定子部分和转子部分组成的，图 2-1-7 是一台具有两对磁极的直流电机结构剖面图。

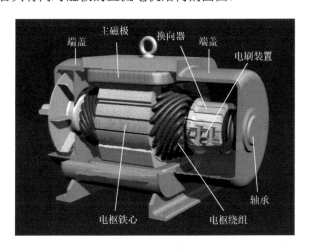

图 2-1-7　直流电机基本结构图

下面将各部分结构简要介绍如下。

1. 定子部分

定子部分通常指电机中静止部分及其机械支撑。它的主要任务是产生磁场，它是电机磁路的组成部分，并对整个电机起机械支撑作用。它包括机座、磁轭、主磁极、换向磁极等，如图 2-1-8 所示。

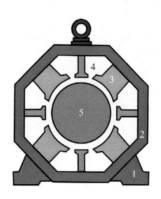

图 2-1-8　机座和磁轭

1—机座；2—磁轭；3—主磁极；4—换向磁极；5—电枢

1）机座和磁轭

一般直流电机的机座和磁轭采用整体形式，它担负着双重作用，既作为电机机座，又是构成磁路的磁轭。所用材料要求具有良好的导磁性能，一般是将厚钢板弯成圆筒形焊接起来，或者采用铸钢件。机座下端焊有两个底脚，用来安装电机；两端有螺孔，用来固定端盖。机座是整个电机的支撑部件，不仅定子上的各个部件固定在机座上，转子也是通过端盖和轴承而支撑在机座上的，如图 2-1-7 所示。

从图 2-1-8 中可以看出，主磁极和换向磁极都固定在机座上，机座和磁极组成一个整体，因此它也是闭合磁路中的一段。

2）主磁极

主磁极简称主极，其主要作用是在电机气隙中产生按一定形状分布的磁通密度。主磁极由主磁极铁心及套在它上面的励磁绕组组成（图 2-1-9）。主磁极铁心一般用 0.5～3 mm 的低碳钢板冲制叠压而成，并用铆钉铆紧，再用螺钉固定在磁轭上。主磁极的励磁绕组用绝缘铜线绕制而成，绕组和铁心间用绝缘纸、蜡布或云母纸绝缘起来。主磁极铁心和磁轭间垫有薄钢片，用来调整磁极与电枢之间的空气隙的大小。

主磁极在电机中都是成对出现的，其极性沿圆周是 N、S 交替的。两极和四极电机的磁路如图 2-1-10 所示。主磁极的励磁线圈通电流时便产生磁场，在两极电机中，磁通由 N 极的铁心穿过空气隙进入转子铁心，然后由转子铁心出来，经另一空气隙进入 S 极铁心，再经过磁轭形成闭合回路，如图 2-1-10（a）所示。四极电机的磁路如图 2-1-10（b）所示，磁通沿相邻两极而闭合。各个磁极上的励磁线圈通常是串联的，其相邻两主磁极线圈中电流的环绕方向是相反的，从而保证各个磁极的极性为 N-S 相间。

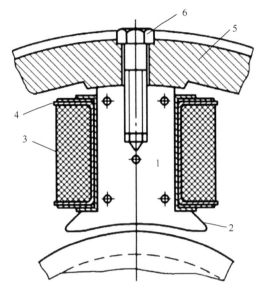

图 2-1-9　主磁极

1—主磁极铁心；2—极靴；3—励磁绕组；4—绕组绝缘；5—机座；6—螺杆

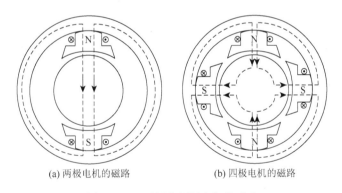

(a) 两极电机的磁路　　　　　　　　(b) 四极电机的磁路

图 2-1-10　两极和四极电机的磁路

3）换向磁极

容量大于 1 kW 的直流电机在相邻两主磁极之间另装有一个小磁极，通常称为换向磁极，或称作附加磁极，其作用是改善换向，防止刷下产生电磁火花。一般有几个主磁极就有几个换向磁极；也有个别特殊情况，换向磁极的个数少于主磁极个数。

换向磁极的结构与主磁极相似，如图 2-1-11 所示。它由换向磁极铁心和换向磁极绕组组成。在换向要求高的场合，换向磁极铁心是用钢片加绝缘再叠装而成，要求不高时就用钢板加工而成。换向磁极绕组一般用粗扁铜线绕制而成。

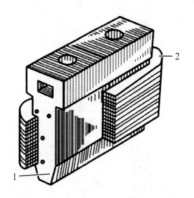

图 2-1-11　换向磁极

1—换向磁极铁心；2—换向磁极绕组

2. 转子部分

直流电机的转子如图 2-1-12 所示，它包括电枢、换向器、风扇等。

图 2-1-12　转子结构

1）电枢

电枢包括电枢铁心和电枢绕组两部分。

电枢铁心构成电机磁路的一个部分，当电枢在磁场中旋转时，穿过铁心的磁通方向不断变化，故在其中将有涡流及磁滞损耗产生，为了减少铁耗，电枢铁心通常由 0.5 mm 厚的硅钢片叠压而成，其表面经过绝缘处理，硅钢片冲有槽形，用来安放线圈。电枢铁心冲片示意图如图 2-1-13 所示（图中只画出了部分槽）。

将线圈的有效导体边安放在铁心的槽中（图 2-1-14），导体与导体之间，线圈与线圈之间，线圈与铁心之间都要求可靠绝缘。为防止电机转动时线圈被甩出，槽口必须加槽锲。各个线圈按照一定规律与换向片连接起来，就组成了电枢绕组。电机工作时，电枢绕组嵌放在槽中的导体将感应电势并通过电流。电枢绕组的连接规律将在 2.2 节详述。

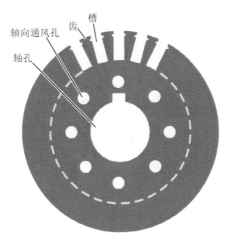

图 2-1-13　电枢铁心冲片示意图

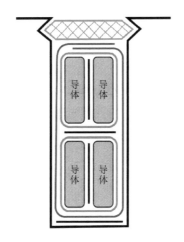

图 2-1-14　安放在槽中的导体

2）换向器

换向器是直流电机的重要部件，它的作用是使直流发电机电刷间获得直流电势，使直流电动机获得恒定电磁转矩。换向器是由许多换向片组成的。换向片彼此以云母片相互绝缘。换向片由铜制成，尾端开沟或接有连接片，以供电枢线圈端线焊在其中。

换向器的结构形式有多种，中小型电机常用一种燕尾式结构，它的换向片下端呈燕尾式，以便用 V 形截面的压圈夹紧，在燕尾与 V 形压圈间垫有 V 形云母环，如图 2-1-15 所示。整个换向器用键固定在转轴上。

3）风扇

风扇装在电机的轴上，它用来加强电机的通风冷却，使电机不致因过热而烧坏。

3. 其他部分

其他部分包括电刷装置、端盖、通风孔等。

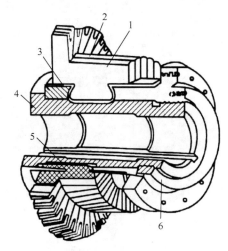

图 2-1-15　换向器

1—换向片；2—云母片；3—V 形云母型钢环；4—钢套；5—绝缘套筒；6—螺旋压圈

1）电刷装置

电刷的作用：一是将直流电机旋转的电枢绕组与外电路相连；二是与换向器配合，在发电机中把电枢绕组中的交流电势整流为输出的直流电势，在电动机中将外部的直流电流逆变为交流电流，流入电枢绕组。电刷装置由刷架、刷握和电刷组成，如图 2-1-16 所示。刷架固定于前端盖上，刷架上装有电刷和刷握（图 2-1-17）。电刷通常用石墨等制成，刷后装有用细铜丝编织成的引线，电刷置于刷握中的刷盒内，用弹簧压力使电刷与换向器接触。根据电刷通过电流大小的不同，每个刷杆支臂上装有一个电刷或一组并联的电刷。同极性刷杆连接在一起，由导线引出电机外。

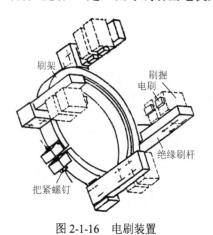

图 2-1-16　电刷装置

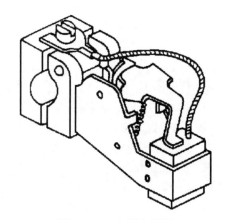

图 2-1-17　电刷和刷握

电刷装置与换向器的配合工作如图 2-1-18 所示。

2）端盖

它固定在机座两端，在换向器一端称为前端盖，靠风扇一端称为后端盖，端盖中间装有轴承，用来支撑电枢。船舶上使用的电机端盖一般都采用铸钢或钢板焊接而成。

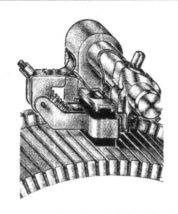

图 2-1-18　电刷装置与换向器的配合

3）通风孔

为了电机冷却需要，在电机两端的端盖上开有进风口和出风口，电机运转时，借助风扇将机外冷空气吸入机内，冷却磁极、电枢部件。在端盖进、出风口上，装有带孔网罩，以防止异物落入电机，该种形式一般称为防护式结构。也有的电机做成封闭式，这适用于特殊工作环境。

2.1.4　直流电机的额定值

电机制造厂在设计电机时，规定了电机正常运行时电压、电流、功率等容许的数值，这些数值称为额定值。额定值一般标记在电机的铭牌或产品说明书上。

直流电机的额定值一般有以下几项。

1. 额定功率 P_N

额定功率表示在温升和换向等条件限制下，正常使用时，电机输出的功率，单位为kW。对于电动机，是指其转轴上所输出的机械功率；对于发电机，是指其出线端所输出的电功率。

2. 额定电压 U_N

额定电压指电机在额定工作情况下，电机引线两端之间的平均电压，单位为 V。

一般中小型直流电动机的额定电压为 110 V、220 V、440 V 等几级；发电机额定电压为 115 V、230 V、460 V 等几级。

有的发电机在铭牌上标有两个电压数值，这种发电机可在规定的电压范围内变化使用，该电机称为调压发电机。有的电动机在铭牌上标有两个或三个电压数值，这类电动机可在规定的电压范围内变换电压使用，该电机称为幅压电动机。例如，铭牌上标有185 V/220 V/320 V，这表示该电机正常工作电压是 220 V，而当电压是 185 V 或 320 V 时电动机也能工作。

3. 额定电流 I_N

直流发电机的额定电流：

$$I_N = \frac{P_N \times 10^3}{U_N} \tag{2-1-2}$$

额定电流单位为 A。

直流电动机的额定电流：

$$I_N = \frac{P_N \times 10^3}{U_N \cdot \eta_N} \tag{2-1-3}$$

式中：η_N ——电动机在额定工作情况下运行时的效率。

4. 额定转速 n_N

额定转速是指电机在额定条件下运行时的转速，单位为 r/min。

5. 温升与绝缘等级

温升是指电机在运行中绕组发热而升高的温度。铭牌中所列温升的数据是指电机允许温升，即允许比规定的环境温度高出的度数，以℃为单位。对于船用电机，规定环境温度为 45℃，若铭牌中标出温升为 75℃，则说明该电机的绕组最高允许温度为 $45 + 75 = 120$（℃）。

电机允许温升的数值取决于其绕组所采用的绝缘材料，绝缘等级越高，其允许温升就越高。电机中常用的绝缘材料分 A 级、E 级和 B 级三种，其允许温升如表 2-1-1 所示。

表 2-1-1　常用绝缘材料的允许温升

绝缘等级	绝缘材料	允许温升（环境温度为 45℃）/℃
A	普通漆包线、漆布、青壳纸等	55
E	高强度漆包线、聚酯薄膜等	70
B	用云母、石棉、玻璃丝和有机黏合物制成的材料	75

6. 励磁方式

励磁方式又称激磁方式。对于直流发电机，其励磁方式有他励、并励和复励；对于直流电动机，其励磁方式有并励、串励和复励。

7. 额定励磁电压

额定励磁电压是指电机在额定情况下运行，加于励磁绕组两端的电压，单位为 V。

8. 额定励磁电流

额定励磁电流是指电机在额定情况下运行，励磁绕组中通过的电流，单位为 A。

2.2　变压器基本原理与结构

变压器是一种静止的电气设备，它利用电磁感应作用将一种电压的交流电能变成频率相同的另一种电压的交流电能。

船上的动力网络和照明网络常采用不同的电压。动力网络为了减小导线的重量，多采用较高的电压，如 440 V、380 V 等；照明网络出于安全，多采用较低的电压，如 110 V、24 V 等。在以交流电为主要电源的船舶上，可以利用变压器来得到所需的高低不同的电压，分别向工作电压不同的电工设备供电。由于温度、湿度、霉菌、油雾、倾斜、振动等环境条件恶劣，船用变压器的产品结构在设计上和陆用变压器不尽相同，但是变压器的原理和分析方法是一致的。

本章主要研究变压器的原理、结构和使用方法。

2.2.1　变压器基本原理

变压器是通过电磁感应关系，或者说是利用互感作用，从一个电路向另一个电路传递电能或传输信号的设备。因此，它的基本结构是，两个（或两个以上）互相绝缘的绕组套在一个共同的铁心上，绕组间有磁场耦合关系，但没有直接的电路联系。因此，变压器是以磁场为媒介，将一种电压的交流电能转换成另一种电压的交流电能。变压器的工作原理图如图 2-2-1 所示。

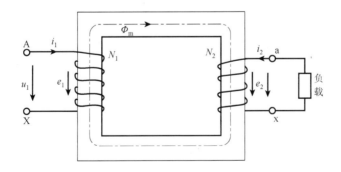

图 2-2-1　变压器的工作原理图

将变压器的一个绕组接入交流电源 u_1，另一个绕组接入负载。接电源的一侧绕组称为一次侧绕组或原方绕组，接负载的绕组称为二次侧绕组或副方绕组。在外施电压的作用下，一次侧绕组中流过电流 i_1，这一电流在铁心中建立了一个磁场。当外加电压是交流时，一次侧绕组的交流电流在铁心中产生交变磁通，它同时与一次侧、二次侧绕组交链。该交变磁通即是主磁通 Φ，主磁通 Φ 的最大值为 Φ_m。根据电磁感应定律，交变的磁通在二次侧绕组中感应出与一次侧相同频率的电动势，当二次侧绕组接上负载，变压器将向负载输出电能。

变压器可以把交流电压按要求升高或降低。在电力系统中，要把发电厂生产的大量电能输送到用电区域需采用高压输电。因为输送一定的功率，电压越高，线路中的电流越小，电能损耗及电压降落也就越少，线路的用铜量也越省。当电能传送到用电区域后，为了用电安全，又需应用变压器降低电压。根据这一功能，电力变压器分为升压变压器和降压变压器两类，它们在原理和结构上并无差别。

按用途不同，变压器可分为电力变压器（包括升压变压器、降压变压器、配电变压器）、特种变压器（包括电炉变压器、整流变压器、电焊用变压器、脉冲变压器、仪用变压器）。

变压器还可以根据绕组的数目来分类。通常变压器都为双绕组变压器，即在铁心中有两个绕组，一个为一次侧绕组，一个为二次侧绕组。如果把一次侧、二次侧绕组合为一个绕组，则称为自耦变压器。容量较大的变压器，有时也可能有三个绕组，用以连接三种不同电压的线路，此种变压器称为三绕组变压器。在特殊情况下，也有应用更多绕组的变压器。

此外，变压器可以根据铁心的结构特点，分为心式变压器和壳式变压器；按变压器的相数分为单相变压器、三相变压器；根据冷却方式的不同，分为油浸式变压器和干式变压器。

本书所要讨论的变压器主要为应用在船舶电力系统中供输电和配电用的变压器，统称电力变压器。

2.2.2　变压器的主要结构

变压器主要由铁心、带有绝缘的绕组组成，如果是油浸式变压器，还包含油箱、变压器油和绝缘套管等。其中，铁心和绕组是变压器进行电能转换的主要部分，油箱起机械支撑、冷却、散热和保护作用，变压器油有冷却和绝缘作用，绝缘套管是为了使变压器的带电引线与接地油箱绝缘。图 2-2-2 为一种典型的电力变压器，下面对各部分分别加以说明。

1. 铁心

铁心是变压器的磁路，也是套装绕组的骨架。铁心通常用 0.35 mm 厚、表面涂绝缘漆的硅钢片制成，以提高磁路的磁导率，降低铁心内的涡流损耗。铁心分铁心柱和铁轭两部分，铁心柱上套绕组，铁轭将铁心柱连接起来，形成闭合磁路。根据结构形式，铁心可分为心式和壳式两种。

1）心式变压器的铁心

图 2-2-3 是单相心式变压器的铁心。从图中可以看出，心式变压器的绕组将铁心柱围住。心式铁心结构简单，绕组的装配和绝缘容易，因此在电力变压器中得到广泛应用。

图 2-2-2　变压器整体结构

1—高压绕组出线端；2—低压绕组出线端；3—绕组；4—变压器油箱；5—铁轭；6—绝缘材料

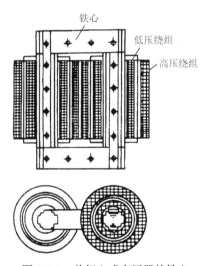

图 2-2-3　单相心式变压器的铁心

2）壳式变压器的铁心

图 2-2-4 是单相壳式变压器的铁心。从图中可以看出，壳式变压器的铁心柱将绕组围住，同时绕组的侧面也被铁轭围住。这种结构机械强度较好，但制造工艺复杂，铁磁材料用料较多。

组成铁心的硅钢片按交叠方式组合起来，如图 2-2-5 所示。图 2-2-5（a）、（b）分别表示单相、三相变压器相邻两层的硅钢片，每层由多块冲片组成，冲片组合应用了不同的排列方法，使各层磁路的接缝处互相错开，避免了涡流在硅钢片之间流通，这种装配方式称为交叠装配。同时，在叠装过程中，由于相邻层的接缝错开，铁心压紧时可以用较少的紧固件，结构简单。

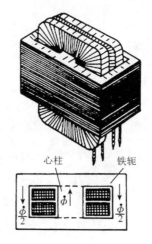

图 2-2-4   单相壳式变压器的铁心

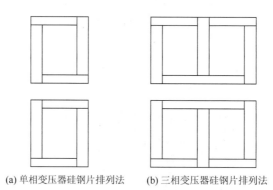

(a) 单相变压器硅钢片排列法   (b) 三相变压器硅钢片排列法

图 2-2-5   变压器铁心的交叠装配

2. 绕组

绕组是变压器的电路部分，用纸包或纱包的绝缘扁铜（铝）线或圆铜（铝）线绕成。

一、二次侧绕组中电压高的一端称高电压绕组，电压低的一端称低电压绕组。高电压绕组匝数多，导线细；低电压绕组匝数少，导线粗。从高、低电压绕组的相对位置来看，变压器绕组可以分为同心式和交叠式两类。

同心式：高电、低电压绕组同心地套在铁心柱上。为便于绝缘，一般低电压绕组在里面，高电压绕组在外面，如图 2-2-6（a）所示。

交叠式：高、低电压绕组互相交叠放置，为便于绝缘，上、下两组为低电压绕组，如图 2-2-6（b）示。

3. 油箱

为提高电力变压器的油箱的机械强度，并减少所需油量，一般都做成椭圆形。为了减小油与空气的接触面积以降低油的氧化速度和浸入变压器油的水分，在油箱上面安装一储油器（也称膨胀器或油枕）。

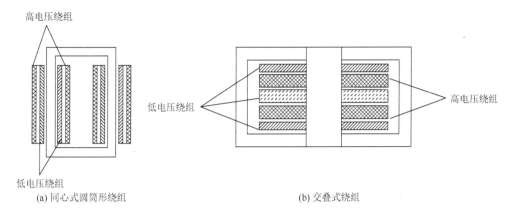

(a) 同心式圆筒形绕组　　　　　　　　　　　(b) 交叠式绕组

图 2-2-6　变压器绕组

在油箱顶盖上装有一排气管（也称安全气道），它是用来保护变压器油箱的。安全气道是一个长钢管，上端部装有一定厚度的玻璃板。当变压器内部发生严重事故而有大量气体形成时，油管内的压力增加，油流和气体将冲破玻璃板向外喷出，以免油箱受到强烈的压力而爆裂。

在储油器与油箱的油路通道间常装有气体继电器，当变压器内部发生故障产生气体或油箱漏油使油面下降时，它可以发出报警信号或自动切断变压器电源。

随着变压器容量的增大，对散热的要求也将不断提高，油箱形式也要与之相适应。容量很小的变压器可用平滑油箱；容量较大时，需增大散热面积而采用管形油箱；容量很大时，用散热器油箱。

4. 变压器油

除了极少数例外，装配好的电力变压器的铁心和绕组都必须浸入变压器油中。变压器油的作用是双重的：①由于变压器油有较大的介质常数，它可以增强绝缘。②铁心和绕组中由于损耗而发出热量，通过油受热后的对流作用把热量传送到铁箱表面，再由铁箱表面散逸到四周。变压器油为矿物油，由石油分馏得来。在选用变压器油时，应注意它的一般性能，如介电强度、黏度、着火点及杂质（如酸、碱、硫、水分、灰尘、纤维等）含量是否符合国家标准。少量水分的存在，可使变压器油的绝缘性能大为降低。因此，防止潮气浸入油中是十分重要的。

5. 绝缘套管

绕组出线穿过油箱盖时，需用绝缘套管将其与接地油箱绝缘。1 kV 以下采用实心瓷套管，10～35 kV 采用空心充气式充油瓷套管，110 kV 以上采用电容式套管。

2.3　异步电机基本原理与结构

异步电机是一种交流旋转电机，也叫感应电机，主要作为电动机使用，是工农业生产中应用最广泛的一种电机。在工业方面,用于拖动中小型轧钢设备、各种金属切削机床、轻工机械、矿山机械等;在农业方面,用于拖动水泵等。日益普及的家用电器,如电冰箱、空调机等,常采用单相异步电动机。

异步电机之所以得到广泛应用,主要由于它有如下优点:结构简单,运行可靠,制造容易,价格低廉,坚固耐用,而且有较高的效率和较好的工作特性。在以交流电为主的船舶上,大多数的电力拖动机械都是采用异步电动机作为原动机。

本章主要讨论三相异步电动机的结构、原理、分析方法、运行特性,以及单相异步电动机的运行原理。

2.3.1 异步电机的基本结构

异步电机主要由静止的定子和转动的转子两大部分组成,定子和转子之间有一个很小的气隙,此外还有端盖、轴承和通风装置等,如图 2-3-1 所示。

图 2-3-1 异步电机剖面图

1—定子铁心;2—定子绕组;3—转子铁心;4—转子绕组;5—机座;6—风扇罩;
7—风扇;8—接线盒;9—轴;10—端盖

1. 定子

异步电机的定子由定子铁心、定子绕组和机座三部分构成。定子结构如图 2-3-2 所示。

1)定子铁心

定子铁心是异步电机主磁通磁路的一部分,装在机座里。为了减小交变磁场在定子铁心中引起的损耗,定子铁心一般采用导磁性能良好、表面涂绝缘漆的硅钢片叠装而成。

在定子铁心内圆,均匀地冲有许多形状相同的槽,用以嵌放定子绕组。小型异步电机通常采用半闭口槽和由高强度漆包线绕成的单层绕组,线圈与铁心之间垫有槽绝缘。半闭口槽可以减少主磁路的磁阻,使励磁电流减少。而且槽口较小还可以减小气隙磁场的脉振,从而减小电动机中的附加损耗。但半闭口槽嵌线不方便。中型异步电机通常采用半开口槽。

大型高压异步电机都用开口槽，以便于嵌线。为了得到较好的电磁性能，中、大型异步电机都采用双层短距绕组。异步电机的定子槽形如图 2-3-3 所示。

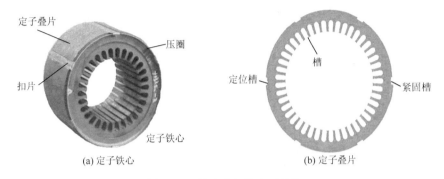

图 2-3-2　异步电机的定子结构

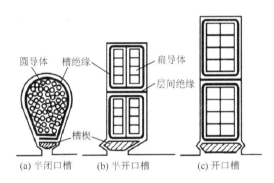

图 2-3-3　异步电机的定子槽形

　　2）定子绕组

　　定子绕组是异步电机定子部分的电路，其作用是感应电动势，流过电流，实现机电能量转换。定子绕组由许多线圈按一定规律连接而成（详见第 5 章）。对于容量较小的电机，绕组由高强度漆包圆铜线（或铝线）绕成。而中、大容量的异步电机绕组可用玻璃丝包扁铜线绕制。线圈放入槽内必须与槽壁之间隔有槽绝缘。槽内定子绕组的导线用槽楔紧固，槽楔采用竹、胶木板或环氧玻璃布板等非磁性材料。

　　3）机座

　　机座的作用主要是固定和支撑定子铁心。如果是端盖轴承电机，还要支撑电机的转子。因此，机座应有足够的机械强度和刚度。对中、小型异步电机，常用铸铁机座；大型电机一般采用钢板焊接的机座，整个机座和坐式轴承都固定在同一个底板上。

　　2. 转子

　　异步电机的转子由转子铁心、转子绕组和转轴组成。转子铁心也是主磁路的一部分，一般由 0.5 mm 厚的硅钢片叠成，转子铁心固定在转轴或转子支架上。整个转子的外表呈圆柱形。转子绕组分为笼型和绕线型两类。

1）笼型绕组

笼型绕组是一个自行闭合的绕组，它由插入每个转子槽中的导条和两端的环形端环构成，如果去掉铁心，整个绕组形如一个"圆笼"，因此称为笼型绕组（图 2-3-4）。为节约用铜和提高生产率，小型笼型电机一般都用铸铝转子；对中、大型电机，由于铸铝质量不易保证，故采用铜条插入转子槽内，再在两端焊上端环的结构。

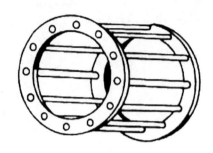

图 2-3-4　笼型绕组

笼型异步电机结构简单，制造方便，是一种经济、耐用的电机，所以应用极广。

2）绕线型绕组

绕线型转子的槽内嵌有用绝缘导线组成的三相绕组，绕组的三个出线端接到设置在转轴上的三个集电环上，再通过电刷引出，如图 2-3-5 所示。这种转子的特点是，可以在转子绕组中接入外加电阻，以改善电动机的起动和调速性能。绕线型异步电动机的剖面图如图 2-3-6 所示。

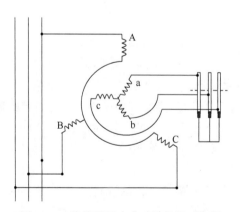

图 2-3-5　绕线型异步电动机接线示意图

与笼型转子相比较，绕线型转子结构稍复杂，价格稍贵，因此只在要求起动电流小且起动转矩大，或需要调速的场合下使用。

3. 气隙

异步电机定子与转子之间自然形成了一个很小的气隙，它是异步电机磁路的一部分，对电机运行性能影响很大。显然,气隙大则磁阻大,要产生同样大小的旋转磁场就需较大的励磁电流,使电机的功率因数变差。因此,为了降低电机的空载电流,提高电机的功率因数,气隙应尽可能小。然而气隙过小会使装配困难,运行不可靠。另外,气隙稍大也有其有利的一面,磁阻大可减小磁场的谐波含量,从而可减小附加损耗,改善起动性能。因此,在设计时应兼顾各方面的要求。通常中小型异步电机的气隙为 0.2~1.5 mm。

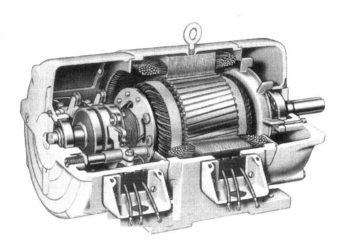

图 2-3-6 绕线型异步电动机剖面图

2.3.2 异步电机的基本工作原理

当异步电机定子绕组接到三相电源上时,定子绕组中将流过三相对称电流,气隙中将建立基波旋转磁动势,从而产生基波旋转磁场,其转速由电网频率和定子绕组的极对数决定:

$$n_1 = \frac{60 f_1}{p} \tag{2-3-1}$$

这个基波旋转磁场在短路的转子绕组(若是笼型绕组,则其本身就是短路的;若是绕线型转子,可以通过电刷短路)中感应电动势并在转子绕组中产生相应的电流,该电流与气隙中的旋转磁场相互作用,从而产生电磁转矩。由于这种电磁转矩的性质与转速大小相关,下面将分三个不同的转速范围来进行讨论。

为了描述转速,引入转差率(s)的概念。转差率定义为同步转速 n_1 与转子转速 n 之差 $n_1 - n$ 对同步转速 n_1 之比值:

$$s = \frac{n_1 - n}{n_1} \tag{2-3-2}$$

当异步电机的负载发生变化时,转子的转差率随之变化,使得转子导体的电势、电流和电磁转矩发生相应的变化,因此异步电机转速随负载的变化而变化。按转差率的正负、大小,异步电机可分为电动机、发电机、电磁制动三种运行状态,如图 2-3-7 所示。图中 n_1 为旋转磁场的同步转速,T_{em} 为电磁转矩。

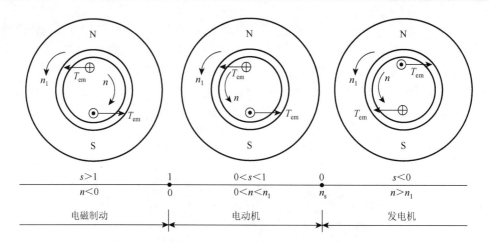

图 2-3-7 异步电机的三种运行状态

1. 电动机状态

当 $0 < n < n_1$，即 $0 < s < 1$ 时，如图 2-3-7 所示，转子中导体以与 n 相反的方向切割旋转磁场，导体中将产生感应电动势和感应电流。由右手定则，该电流在 N 极下的方向为 ⊕，而由左手定则，该电流与气隙磁场相互作用将产生一个与转子转向同方向的拖动力矩。该力矩能克服负载制动力矩而拖动转子旋转，从轴上输出机械功率。显然，在电动机状态，该电机从电网吸收有功功率，转化为机械功率后输出给负载。

2. 发电机状态

发电机状态是指用原动机拖动异步电机，使其转速高于旋转磁场的同步转速，即 $n > n_1$、$s < 0$，如图 2-3-7 所示。转子上导体切割旋转磁场的方向与电动机状态时相反，从而导体上感应电动势、电流的方向与电动机状态时相反，电磁转矩的方向与转子转向相反，电磁转矩为制动性质。此时异步电机由转轴从原动机输入机械功率，克服电磁转矩，通过电磁感应由定子向电网输出电功率，电机处于发电机状态。

3. 电磁制动状态

由于机械负载或其他外因，转子逆着旋转磁场的方向旋转，即 $n < 0$、$s > 1$，如图 2-3-7 所示。此时转子导体中的感应电动势、电流与在电动机状态下的相同。但由于转子转向与旋转磁场方向相反，电磁转矩表现为制动转矩，此时电机运行于电磁制动状态，即由转轴从原动机输入机械功率的同时又从电网吸收电功率（因电流与电动机状态同方向），两者都变成了电机内部的损耗。

2.3.3 异步电机的额定值

（1）额定功率 P_N：电动机在额定运行时轴上输出的机械功率。

（2）额定电压 U_N：电动机在额定情况下运行时，施加在定子绕组上的线电压。有的电机铭牌上标有两个电压，如 220/380 V，这表示定子绕组接成三角形时，额定电压为 220 V，接成星形时额定电压为 380 V。

（3）额定电流 I_N：电动机在额定运行时定子绕组的线电流值。

（4）额定频率 f_N：我国电网频率为 50 Hz。

（5）额定转速 n_N：额定负载时电机的转速。

对于三相异步电动机，有

$$P_N = \sqrt{3}U_N I_N \eta_N \cos\varphi_N \tag{2-3-3}$$

式中：η_N——额定运行时的效率；

　　　$\cos\varphi_N$——额定运行时的功率因数。

三相异步电动机定子绕组可以接成星形或三角形。

除了上述各项外，铭牌上还有电机的绝缘等级、额定温升和工作方式等，铭牌数据是选择和使用电机的重要参考数据。

2.4　同步电机基本原理与结构

同步电机也是交流电机的一种。普通同步电机与异步电机的根本区别是转子侧（特殊结构时也可以是定子侧）装有磁极并通入直流电流励磁，因而具有确定的极性。由于定转子磁场相对静止及气隙合成磁场恒定是所有旋转电机稳定实现机电能量转换的两个前提条件，同步电机的运行特点是转子的旋转速度与定子磁场的旋转速度严格同步，并因此而得名。同步电机主要用作发电机，世界上的电力几乎全部都由同步发电机发出。同步电机也可作为电动机运行，其特点是可以通过调节励磁电流来改变功率因数。

在船舶上，同步发电机是交流电站的主要组成部分。电站向全舰电工设备供电，供电不仅要求能不间断，而且还要求有良好的供电质量，即供电的电压和频率都必须稳定。

本章主要讨论同步发电机的结构、基本工作原理、运行分析的方法、运行特性及并联运行问题。

2.4.1　同步电机的基本工作原理

以同步发电机为例来说明同步电机的基本工作原理。图 2-4-1 是一台两极三相同步发电机，它的定子三相绕组用空间互差 120° 的三个线圈 AX、BY 和 CZ 来表示，当原动机拖动转子以转速 n 旋转且励磁绕组中通以直流电时，转子旋转磁场将在这三个线圈中感应出交流电势 e_A、e_B 和 e_C。由于三相线圈的匝数相等，故三相电势的有效值相等。又由于它们的位置在空间互差 120° 电角度，假设转子转向为 A—B—C，当磁极旋转到 A 相轴线的位置 [图 2-4-1（a）] 时，A 相感应电势为 0；经过 120° 电角度，磁极将旋转到 B 相轴线的位置，B 相将为 0；再经过 120° 电角度，C 相为 0。因此，三相感应电势在时间相位上互差 120°。此外，三相感应电势的频率相等，皆为 $f = pn/60$。三相感应电势的波形如图 2-4-1（b）所示。

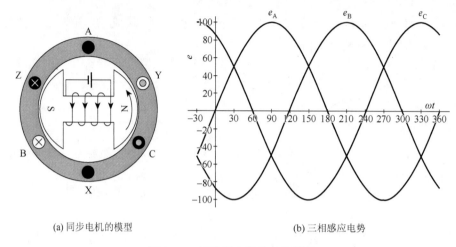

(a) 同步电机的模型   (b) 三相感应电势

图 2-4-1   同步发电机的工作原理

2.4.2   同步电机的结构

按照结构形式，同步电机可以分为旋转电枢式和旋转磁极式两类。前者的电枢装在转子上，主磁极装在定子上，这种结构在小型同步电机中得到一定的应用。对于高压、大型的同步电机，通常用旋转磁极式结构。由于励磁部分的容量和电压常比电枢小得多，把主磁极装在转子上，电刷和集电环的负载就大为减轻。目前，旋转磁极式结构已成为中、大型同步电机的基本结构形式。

在旋转磁极式电机中，按照主磁极的形状，又可分为隐极式和凸极式，如图 2-4-2 所示。隐极式转子做成圆柱状，气隙均匀；凸极式转子有明显的凸出的磁极，气隙不均匀。对于高速的同步电机（3000 r/min），从转子机械强度和妥善地固定励磁绕组考虑，采用励磁绕组分布于转子表面槽内的隐极式结构较为可靠。对于低速电机（1000 r/min 及以下），转子的离心力较小，故采用制造简单、励磁绕组集中安放的凸极式结构较为合理。

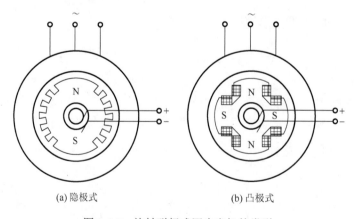

(a) 隐极式   (b) 凸极式

图 2-4-2   旋转磁极式同步电机的类型

　　大型同步发电机通常采用汽轮机或水轮机作为原动机来拖动，前者称为汽轮发电机，后者称为水轮发电机。因为汽轮机是一种高速原动机，所以汽轮发电机一般采用隐极式结构。水轮机则是一种低速原动机，所以水轮发电机一般都是凸极式结构。同步电动机、用内燃机拖动的同步发电机及同步补偿机，大多做成凸极式，少数两极的高速同步电动机也有做成隐极式的。

　　同步电机与其他旋转电机一样，主要由定子和转子两部分组成。

1. 定子

　　定子主要由定子铁心、定子绕组、机座和端盖等构成。同步电机的定子如图 2-4-3 所示。

　　1）定子铁心

　　定子铁心用 0.5 mm 厚、表面涂绝缘漆的硅钢片叠装而成。定子铁心内圆冲出一定形状的槽，用于嵌放定子绕组。定子铁心厚度每达 3～5 cm 时，就要留 1 cm 作为通风槽用。

　　2）定子绕组

　　定子绕组的作用、要求、结构形式与三相异步电动机定子绕组相同，一般采用三相双层短距绕组。

　　3）机座

　　机座用厚钢板焊接而成，用于固定定子铁心，要有足够的强度和刚度。

　　4）端盖

　　端盖的作用是轴承外圈的轴向定位，还能起到防尘和密封的作用。

图 2-4-3　同步电机的定子

2. 转子

根据转子结构的不同，分为隐极式和凸极式两种。

1）隐极式转子

隐极式同步电机的转子如图 2-4-4 所示。

（1）转子铁心。

转子铁心是汽轮发电机最关键的部件之一，也是电机磁路的主要组成部分。它高速旋转时承受着很大的机械应力，故采用整块具有高机械强度和良好导磁性能的合金钢锻体。沿转子转轴方向，在转子铁心表面铣一定数量的槽，以便放置励磁绕组。槽的形状有两种，一种为辐射形排列，另一种是平行排列，我国生产的发电机多采用辐射形槽。

（2）励磁绕组。

励磁绕组用矩形的扁铜线制成同心式线圈。各匝之间及线圈与铁心间均有绝缘。

（3）其他部件：护环、中心环、滑环和风扇。

护环是一个厚壁金属圆筒，用于保护励磁绕组的端部，使之不因离心力而甩出。中心环用于支撑护环并阻止励磁绕组端部轴向移动。滑环装在转子轴上，通过电刷将励磁电流引进励磁绕组。同步电机的风扇能够将电机在运行过程中产生的部分热量带出机外，有利于电机冷却。

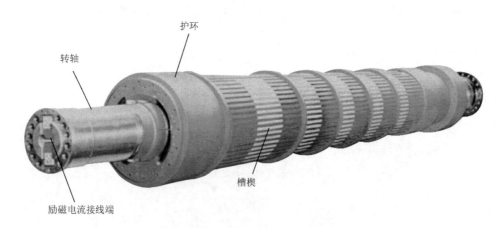

图 2-4-4　隐极式同步电机的转子

2）凸极式转子

凸极式转子有明显的磁极，主要由转轴、磁极、磁轭、励磁绕组、滑环和阻尼绕组等组成。由于稀土永磁材料的问世，目前中、小型同步电机有趋势采用永磁式转子，它结构简单，功率因数高，高效节能。凸极式同步电机的转子如图 2-4-5 所示，磁极与绕组结构如图 2-4-6 所示。

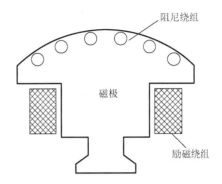

图 2-4-5　凸极式同步电机的极子　　　　　　　图 2-4-6　凸极式同步电机的磁极与绕组

2.4.3　同步电机的励磁方式

同步电机运行时，必须在励磁绕组中通入直流电流，建立励磁磁场。相应地，将供给励磁电流的整个装置称为励磁系统。

励磁系统是同步电机的重要组成部分，并且可分为两大类：一类采用直流发电机供给励磁电流，另一类则通过整流装置将交流电流变为直流电流以满足需要。下面简要介绍。

1）直流发电机励磁系统

这是一种经典的励磁系统，如图 2-4-7 所示，称该系统中的直流发电机为直流励磁机。直流励磁机多采用他励或永磁励磁方式，且与同步发电机同轴旋转，输出的直流电流经电刷、滑环输入同步发电机转子励磁绕组。

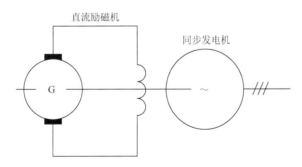

图 2-4-7　带直流励磁机的直流励磁系统

2）静止式交流整流励磁系统

这种励磁系统以将同轴旋转的交流励磁机的输出电流经整流后供给发电机励磁绕组的他励式系统（图 2-4-8）应用最普遍。与传统直流励磁系统相比，其主要区别是变直流励磁机为交流励磁机，从而避开了直流励磁机的换向火花问题。

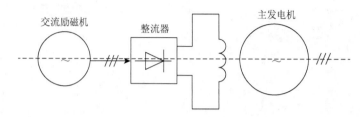

图 2-4-8　带交流励磁机的静止式交流整流励磁系统

还可以利用发电机自身产生的交流电，经过静止整流器变成直流电，通入转子励磁绕组，叫作自励式同步发电机，如图 2-4-9 所示。这种自励式同步发电机在船舶电站中应用很广泛。

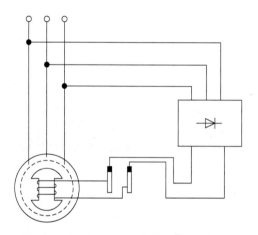

图 2-4-9　自励式的静止式交流整流励磁系统

3）旋转式交流整流励磁系统

静止式交流整流励磁系统去掉了直流励磁机，解决了换向火花问题，但与励磁绕组相连的电刷和滑环依然存在，还是有触点系统。如果把交流励磁机做成转枢式同步发电机，并将整流器固定在转轴上一起旋转，这就可以将整流输出直接供给发电机的励磁绕组，而无须电刷和滑环，构成旋转的无触点交流整流励磁系统，简称无刷励磁系统，如图 2-4-10 所示。无刷励磁系统运行比较可靠，这种系统大多用于大、中容量的汽轮发电机，以及在防燃、防爆等特殊环境中工作的同步电机。图 2-4-10 中，给励磁机定子通入励磁电流，从而产生磁通，励磁机电枢绕组在转子上，电枢发出的交流电经半导体整流后变成直流，向同步发电机提供直流励磁电流。图中的半导体整流元件伴随着转子一起旋转，故称为旋转整流器。旋转部分与静止部分之间任何滑动的电接触，这就是无刷同步发电机的名称由来。

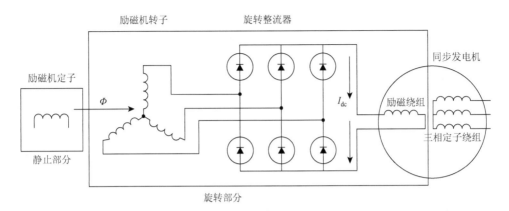

图 2-4-10　无刷励磁系统

2.4.4　同步电机的额定值

同步电机的额定值主要有以下数据。

额定电压 U_N：电机额定运行时定子的线电压，单位为 V 或 kV。

额定电流 I_N：电机额定运行时定子的线电流，单位为 A。

额定功率因数 $\cos\varphi_N$：电机额定运行时的功率因数。

额定效率 η_N：电机额定运行时的效率。

额定容量 $S_N = \sqrt{3}U_N I_N$：对发电机，是出线端额定视在功率，单位为 VA、kVA；对调相机，为线端额定无功功率，单位为 Var、kVar。

额定功率 P_N：对发电机，为额定输出有功功率

$$P_N = S_N \cos\varphi_N = \sqrt{3}U_N I_N \cos\varphi_N \qquad (2\text{-}4\text{-}1)$$

对电动机，是轴上输出的额定机械功率

$$P_N = S_N \cos\varphi_N \eta_N = \sqrt{3}U_N I_N \cos\varphi_N \eta_N \qquad (2\text{-}4\text{-}2)$$

此外，铭牌上还有额定频率 f_N(Hz)、额定转速 n_N(r/min)、额定励磁电流 I_{fN}(A)、额定励磁电压 U_{fN}(V)。

第3章

直流电机实验

3.1 直流发电机建压实验

3.1.1 实验内容及要求

熟悉电机实验室的电工设备、器材的使用方法；通过实验测定发电机的空载特性；熟悉直流电机的铭牌数据，练习发电机的线路连接。

3.1.2 实验器材和装置

并激发电机组、直流电压表（0～300 V）、直流电流表（0～1.5 A）、滑动变阻器（1000 Ω/0.5 A）等。

3.1.3 实验步骤

（1）熟悉实验桌上电源情况，以便于实验时的用电，分辨各闸刀的用途。

（2）熟悉电机的铭牌数据，记住所实验电机的额定电压 U_N、额定电流 I_N 和额定转速 n_N。

（3）熟悉复激电机各绕组的首尾端所标符号。

电枢绕组，S1、S2；并激绕组，F1、F2；串激绕组，C1、C2；换向磁极绕组，H1、H2。

（4）用高阻计检查电机（在舰上，处于工作的电机其绝缘电阻不应低于 $50 \times 10^4 \, \Omega$，实验室中可略低于此值）。

（5）建立并激发电机的电压。

发电机接线如图 3-1-1 所示。实验时，先在激磁电路断开的情况下（K2 断开），起动电动机，并调至额定转速。观察电压表，其读数即剩磁电压，若没有读数，则应检查激磁电路，若完好，则说明没有剩磁，此时可用低压直流电予以充磁。

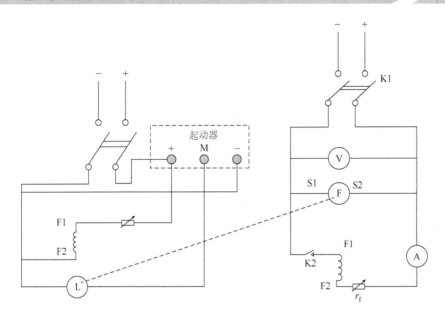

图 3-1-1　直流发电机空载特性连接图

合上 K2，然后慢慢减小激磁电阻 r_f，观察发电机电压能否建立，并验证自激条件，此时，若发电机电压低于剩磁电压说明激磁绕组反接，电压不能建立，应对换激磁绕组端头，再进行上述实验。

（6）求取空载特性。

发电机的空载特性是指当 $n = n_N =$ 常数，负载电流 $I = 0$ 时，漏电压 E_a 与激磁电流 I_f 之间的关系，即 $E_a = f(I_f)$。

实验步骤如下：起动直流电动机将发电机带至额定转速，并在实验过程中保持不变。在 K2 断开时记下剩电压 E_{ac}，然后合上 K2，逐渐减少激磁电路电阻 r_f（即增加 I_f），直至 $E_a = 1.2u_N$ 时为止，并记下实验数据于表 3-1-1 中。

表 3-1-1　直流发电机空载特性实验记录表

I_f						
E_a						

在求取空载特性曲线时，每次操作过程应顺着一个方向改变激磁电流，否则受磁带影响，而不能获得正确的空载特性曲线。

3.1.4　实验注意事项

（1）起动直流电动机前应注意发电机激磁电阻必须放在最大位置；

（2）应该正确地操作电动机，直流电动机（原动机）用来带动发电机工作；

（3）起动前检查起动手柄是否在起动位置，并用手盘车检查电动机的激磁电阻是否放在最小位置；

（4）起动时，合上电源开关，均匀地转动起动手柄，整个过程需 3~5 s，切记起动器手柄不能停在中间任何位置；

（5）起动完毕后转速低于额定值，可以增加电动机激磁电阻，使转速增加至额定值；

（6）求取空载特性时 I_f 不可来回改变。

3.2　直流电动机起动、调速、反转与制动

3.2.1　实验内容及要求

掌握电机的变阻器起动方法；掌握直流电动机改变电枢中串电阻和改变激磁的调速方法；学习如何改变电动机转向，掌握能耗制动方法。

3.2.2　实验器材和装置

直流并激电动机组、直流电流表（0~20 A）、直流电流表（0~3 A）、滑动变阻器（260 Ω/1.5 A）、负载电阻箱（139 Ω/18 A）、电枢串联电阻（10 Ω/7 A）、双刀双投开关等。

3.2.3　实验步骤

1. 起动

按图 3-2-1 所示接线。接线时应注意电动机的激磁电路的两端直接接在电源上，而不要接在起动电阻之后。为了迅速准确地接线，应先接电枢主电路，再接并激激磁电路，称此为"先主后副，先串后并"的方法。

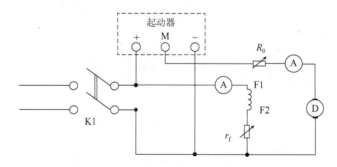

图 3-2-1　直流电动机起动、调速接线图

按下列步骤起动电动机。

（1）起动前用手转动一下电机（称为盘车），检查转子能否自由转动，检查起动手柄是否在起动位置，激磁电阻是否在最小位置。

（2）合上电源开关 K1，观察激磁电路的电流表是否有电流，有电流才能起动。

（3）均匀地转动起动器的手柄，起动电机（3～5 s）不应过快或过慢。

（4）起动完毕后，调节激磁电阻 r_f 使转速达到额定值。

2. 调速

（1）调节电动机激磁电阻 r_f，观察电动机转速和电枢电流的变化。在电动机运行稳定后，记录 r_f 调节前后其转速和电枢电流的数值。

（2）改变电动机电枢电路电阻 R_0，观察电动机转速和电枢电流变化，并记录改变 R_0 前后电动机转速和电流的数值。

3. 反转

把电枢绕组或激磁绕组两端对换即可改变电动机的转向。

4. 能耗制动

（1）按图 3-2-2 所示接线，并注意制动电阻 R_{2D} 不应过小，通常最大制动电流限制在 $(2～2.5)\,I_N$。

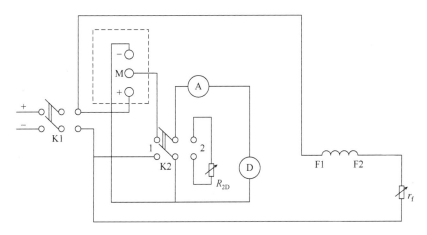

图 3-2-2　能耗制动接线图

（2）合上电源开关 K1，将双刀双投开关 K2 合在位置"1"，起动电动机至额定转速。然后将开关 K2 由位置"1"转换到位置"2"，此时电动机进入能耗制动而迅速停转，观察电动机能耗制动时电枢电流的变化，并比较不用制动和用制动两种停车方式停转的快慢。

3.2.4　实验注意事项

（1）起动电动机时应按起动步骤进行，在电动机工作中，严防激磁绕组断路；

（2）在接线路时应注意所用电流表的量程和电阻的阻值与容量；

（3）调节 r_{fD} 调速时，必须注意不能增加很多，以免磁通变化过大，产生电流冲击。

3.3　直流发电机负载运行

3.3.1　实验内容及要求

掌握负载改变时发电机端电压的变化规律，求取并激发电机和复激发电机的外特性；判别复激发电机是积复激还是差复激。

3.3.2　实验器材和装置

复激发电机组、直流电压表（0～300 V）、直流电流表（0～3 A）、直流电流表（0～10 A）、转速表、负载电阻（0～140 Ω/20 A）、滑动变阻器（1000 Ω/1 A）等。

3.3.3　实验步骤

1．求取并激发电机的外特性

（1）求取并激发电机的外特性按图 3-3-1 所示连接线，起动电动机，并调节电动机的转速为额定值。

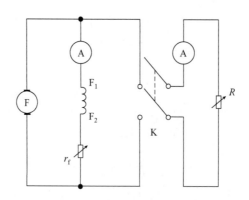

图 3-3-1　发电机负载运行接线图

（2）调节发电机的激磁电阻 r_f 使发电机的电压为额定值，这时记下外特性上的第一个点即 $I = 0$，$U = U_N$。

（3）合上负载开关，保持 $r_f =$ 常数，$n = n_N =$ 常数，然后逐渐减小负载电阻，使负载电流 I 增加，每次增加额定电流的 20% 左右，直至 $I = I_N$，将所得数据记入表 3-3-1 中。

表 3-3-1　直流发电机负载运行实验记录表

I						
U						

（4）在调节时应注意每增加一次负载电流，电动机的转速会有所下降，所以必须同时调节电动机的激磁电阻，以保持 $n = n_N$ 不变。

2．求取复激发电机的外特性

（1）按图 3-3-2 所示连接线。

（2）判别积差复激，先合上 K2 将串激绕组短路，起动电动机，使发电机在空载时建立电压，并带上 2～3 A 的负载电流，这时拉开 K2 开关（即将串激绕组接入），观察电压表变化，如果电压上升，则说明是积复激，反之是差复激。

（3）求取复激发电机的外特性，求取方法与并激发电机相同。分别以积复激和差复激两种情况测定，画出曲线。

3.3.4　实验注意事项

（1）电动机起动前应检查电动机的激磁电阻是否放在最小位置，发电机激磁电阻是否放在最大位置；

（2）接通负载开关 K1 前必须检查负载电阻是否在最大位置。

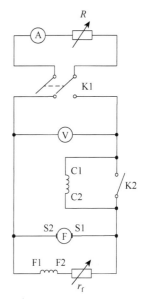

图 3-3-2　复激发电机接线图

3.4　时间原则起动

3.4.1　实验内容及要求

熟悉时间原则起动的原理；了解时间原则起动电路的组成及特点；掌握连线规律和操作方法。

3.4.2　实验器材和装置

电机与拖动控制台、直流电动机、时间原则起动箱、万用表等。

3.4.3 实验步骤

（1）连接时间原则起动线路。

（2）观察电路动作过程，学会故障分析和排故方法。

时间原则起动线路连接图如图 3-4-1 所示。原理图中各元件的代号及名称见表 3-4-1。

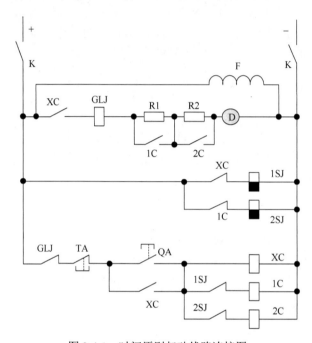

图 3-4-1 时间原则起动线路连接图

表 3-4-1 时间原则各元件的代号及名称

代号	名称	代号	名称
F	电机励磁绕组	D	电动机
XC、1C、2C	直流接触器	TA、QA	按钮
GLJ	过流继电器	K	断路器
1SJ、2SJ	时间继电器	R1、R2	起动电阻

3.4.4 实验注意事项

（1）先搞清楚线路原理，按线路图对照实物搞清楚主触头、副触头及每只电器的用途；

（2）为了使接线不乱，先接主电路，再接控制电路，从电源的一端开始，将一条电路中的线圈、电阻、触头一个个串接，直到电源的另一端，然后再接另一路，依次接完整个电路；

（3）接线时注意选择等位点，不要把很多线头挤在一个接线柱上，应适当将其分开，接在别的等位点上，并将线头拧紧；

（4）线路接好后，每人都应检查一遍，然后经教员检查，同意后方能通电操作；

（5）为了学习分析问题与解决问题的方法，对教员所设的故障，应首先弄清楚故障现象，再按线路动作原理分析，确定故障范围，找出可能的故障点，然后进行排除，反对不加分析硬拼乱找的做法；

（6）不准摆弄无关设备、器材和坐踏机器，做与实验无关的事。

3.5　电流原则起动

3.5.1　实验内容及要求

熟悉电流原则起动的原理；了解电流原则起动电路的组成及特点；掌握连线规律和操作方法。

3.5.2　实验器材和装置

电机与拖动控制台、直流电动机、电流原则起动箱、万用表等。

3.5.3　实验步骤

（1）连接电流原则起动线路。

（2）观察电路动作过程，学会故障分析和排故方法。

电流原则起动线路连接图如图 3-5-1 所示。

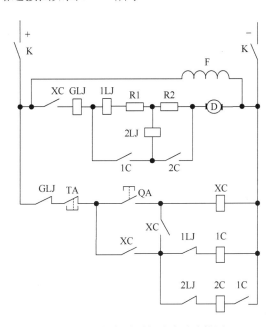

图 3-5-1　电流原则起动线路连接图

表 3-5-1　电流原则各元件的代号及名称

代号	名称	代号	名称
F	电机励磁绕组	D	电动机
XC、1C、2C	直流接触器	TA、QA	按钮
GLJ	过流继电器	K	断路器
1LJ、2LJ	电流继电器	R1、R2	起动电阻

3.5.4　实验注意事项

（1）先搞清楚线路原理，按线路图对照实物搞清楚主触头、副触头及每只电器的用途；

（2）为了使接线不乱，先接主电路，再接控制电路，从电源的一端开始，将一条电路中的线圈、电阻、触头一个个串接，直到电源的另一端，然后再接另一路，依次接完整个电路；

（3）接线时注意选择等位点，不要把很多线头挤在一个接线柱上，应适当将其分开，接在别的等位点上，并将线头拧紧；

（4）线路接好后，每人都应检查一遍，然后经教员检查，同意后方能通电操作；

（5）为了学习分析问题与解决问题的方法，对教员所设的故障，应首先弄清楚故障现象，再按线路动作原理分析，确定故障范围，找出可能的故障点，然后进行排除，反对不加分析硬拼乱找的做法；

（6）不准摆弄无关设备、器材和坐踏机器，做与实验无关的事。

第4章

变压器实验

4.1 变压器同名端辨别及变比测量实验

4.1.1 实验内容及要求

单相和三相变压器辨别端线；测定单相变压器的变压比和变流比。

4.1.2 实验器材和装置

单相变压器、三相变压器、交流电压表（0～300 V）、交流电流表（0～10A）、单相自耦变压器等。

4.1.3 实验步骤

1. 单相变压器端线辨别

（1）熟悉变压器的铭牌数据。

（2）用万用表找出哪两个头属于同套绕组。

（3）按图 4-1-1 接线，将电源电压经自耦变压器降压后加至原边任一套绕组（电压不许超过一套绕组的额定电压），然后按图测量电压，若 $V_1 = V_1' + V_1''$，则原边两套绕组首尾相接。

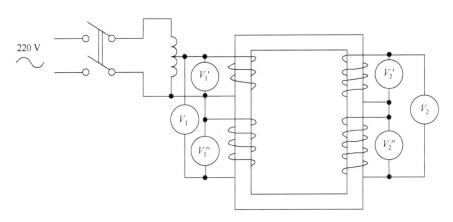

图 4-1-1　单相变压器端线辨别接线图

2. 单相变压器空载与负载运行

1）空载运行

按图 4-1-2 所示接线，副边开路，原边连接电源，并用自耦变压器调节至额定值，测量原、副绕组电压 u_1 和 u_{20}，并观察空载电流 I_0 的数值。对于电力变压器，一般空载电流 I_0 为额定电流的 2%～10%，含量越大，I_0 相对越小。

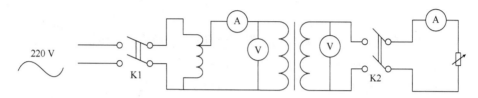

图 4-1-2　单相变压器空载、负载运行连线图

2）负载运行

接线如图 4-1-2 所示，合上电源开关 K1，调节自耦变压器使原边 $u_1 = u_{1N}$，并保持不变，然后合上负载开关 K2，逐渐调节负载电阻使副边电流 $I_2 = I_{2N}$，实验过程中测量 u_2、I_2、I_1 并记录于表 4-1-1 中。

表 4-1-1　变压器负载运行实验记录表

u_2					$u_1 = u_{1N}$
I_2					$K_1 = \dfrac{u_1}{u_2} =$
I_1					

3. 三相变压器的端线辨别和连接

（1）按图 4-1-3 接线，将两相绕组串联后加低压电源（电压为 V_1），用电压表测量电压 V_1 和第三相电压 V_3，若 $V_3 \approx 0$，则说明两绕组所连接的端头为同名端。若 $V_3 \approx V_1$，则说明是首尾相连。判别两相的端头后，再用同样方法辨别第三相的端线。

（2）将原、副边绕组接成星形，接上三相电源，测量原、副边绕组的相电压和线电压。在测量副边电压时如三个线电压都对称，说明所连的三相端头是同名端，若不对称则应调换任一相的两端头，再测量电压，如电压仍不对称，再将调换的端头还原，另外调换一相，直到三相电压对称为止。

4.1.4　实验注意事项

（1）辨别端线时，电源电压一定要经过自耦变压器降压后，才能加到绕组上；

（2）单相变压器在负载运行时，原副边的数据一定要记住，并严格按其额定值数据操作。

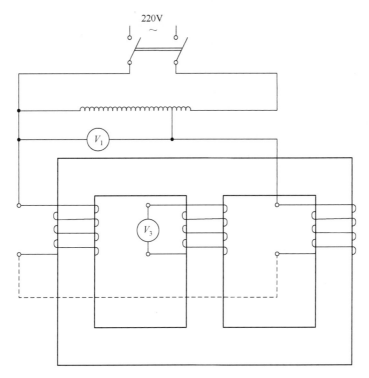

图 4-1-3　三相变压器端线辨别连线图

4.2　单相壳式变压器的设计

4.2.1　实验内容及要求

掌握单相变压器的设计计算方法和设计步骤。

4.2.2　实验器材和装置

硅钢片、漆包线、绝缘材料、尺、记号笔、胶木板、电工刀、AB 胶、绕线机等。

4.2.3　实验步骤

1. 根据用电的实际需要求出变压器的输出容量 S_2

输出容量的大小由变压器二次侧负载决定。变压器的二次侧有多个电压不同的负载，变压器二次侧就需要有多个绕组。此时变压器输出容量为二次侧各绕组输出容量的总和，即

$$S_2 = U_2 I_2 + U_3 I_3 + \cdots \tag{4-2-1}$$

式中：U_2，U_3，$\cdots$——二次侧各绕组负载电压有效值，V；

I_2, I_3, …——二次侧各绕组负载电流有效值，A；

S_2 ——变压器二次侧输出容量，VA。

2. 变压器输入容量 S_1 及输入电流 I_1 的计算

考虑到变压器负载运行时会产生绕组电阻发热损耗和铁心损耗，因此变压器输入容量与输出容量之间的关系为

$$S_1 = \frac{S_2}{\eta}$$

式中：η ——变压器的效率。

η 总是小于 1，对于容量为 1 kVA 以下的变压器 $\eta = 80\% \sim 90\%$。

知道了变压器输入容量 S_1 后，就可以求出输入电流 I_1 为

$$I_1 = (1.1 \sim 1.2)\frac{S_1}{U_1} \quad （A）$$

式中：U_1 ——一次电压有效值，V，一般就是外加电源电压；

1.1～1.2——考虑到变压器空载励磁电流大小的经验系数。

3. 变压器铁心截面积 A 的计算及硅钢片尺寸的选用

（1）铁心截面积 A 的计算。单相变压器的铁心多采用壳式，在铁心中柱上放置绕组。铁心截面积 A 的大小与变压器输出容量的关系为

$$A = 100K_0\sqrt{S_2} \quad （mm^2） \tag{4-2-2}$$

式中：S_2 ——变压器总输出容量，VA；

K_0 ——经验系数。

K_0 的大小与 S_2 的关系可参考表 4-2-1 来选用。

表 4-2-1　K_0 系数参考值

S_2/VA	0～10	10～50	50～500	500～1000	1000 以上
K_0	2	2～1.75	1.5～1.4	1.4～1.2	1

利用计算所得的 A 值结合实际情况来确定铁心尺寸 a 与 b 的大小。

（2）确定变压器铁心尺寸。由图 4-2-1 得

$$A = a \times b \quad （mm^2） \tag{4-2-3}$$

式中：a——铁心中柱宽，mm；

b——铁心净叠厚，mm。

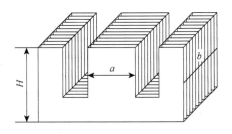

图 4-2-1　单相变压器的铁心尺寸

由于铁心用涂绝缘漆的硅钢片叠成，考虑到漆膜与钢片间隙的厚度，实际的铁心厚度 b' 应比 b 更大些，即

$$b' = \frac{b}{K_D} \quad (\text{mm})$$

式中：K_D ——叠片系数，其取值为 0.9。

（3）硅钢片尺寸规格的选用。表 4-2-2 中列出了目前通用的小型硅钢片规格，其中各尺寸之间关系如图 4-2-2 所示。图中 $c = 0.5a$，$h = 1.5a$（当 $a > 64$ mm 时，$h = 2.5a$），$C = 3a$，$H = 2.5a$，叠厚 $b \leq 2a$。

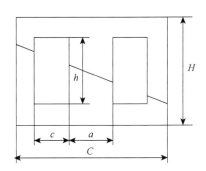

图 4-2-2　变压器硅钢片尺寸

表 4-2-2　小型变压器通用的硅钢片尺寸　　　　　　　　　　（单位：mm）

a	c	h	C	H
13	7.5	22	40	34
16	9	24	50	50
19 实际修改	10.5（9.5）	30（28.5）	60（57）	60（47.5）
22	11	33	66	66
25	12.5	37.5	75	62.5
28	14	42	84	70
32	16	48	96	80
38	19	57	114	95
44	22	66	132	110

续表

a	c	h	C	H
50	25	75	150	125
56	28	84	168	140
63	32	95	192	160

（4）硅钢片材料的选用。小型变压器通常采用 0.35 mm 或 0.5 mm 厚的硅钢片作为铁心材料。硅钢片材料规格的选取不仅受材料磁通密度的制约，而且与铁心的结构形状有关。

当变压器采用 E 字形结构时，硅钢片材料磁通密度可按表 4-2-3 选用。

表 4-2-3　硅钢片磁通密度选用值

硅钢片种类与牌号	磁通密度选用值/T
冷轧硅钢片 D310	1.20～1.40
热轧硅钢片 D41、D42	1.00～1.20
热轧硅钢片 D43	1.10～1.20

4. 计算每个绕组的匝数

绕组感应电动势有效值可表示如下：

$$E = 4.44 f N B_m A \times 10^{-6} \quad (V) \tag{4-2-4}$$

设 N_0 表示变压器每感应 1V 电动势需绕的匝数，则

$$N_0 = \frac{N}{E}$$

于是

$$N_0 = \frac{N}{E} = \frac{10^6}{4.44 f B_m A} \tag{4-2-5}$$

由于工频 $f = 50$ Hz，于是式（4-2-5）可以改为

$$N_0 = \frac{N}{E} = \frac{4.5 \times 10^3}{B_m A}$$

根据计算所得 N_0 值乘以每个绕组的电压就可以算出每个绕组的匝数 N，即

$$N_1 = U_1 N_0, \quad N_2 = U_2 N_0$$

二次绕组应增加 5% 的匝数以补偿负载时的电压降。

5. 计算绕组的导线直径 d'

先选取电流密度 j，再求出各绕组的截面积为

$$A_{\mathrm{t}} = \frac{I}{j}\ (\mathrm{mm}^2) \tag{4-2-6}$$

由截面积 A_{t} 可以确定常用圆铜线（裸线）的直径 d_1，设计变压器时制作绕组使用的是漆包线，根据 d_1 即可确定漆包线带漆膜之后的线径 d'。

式（4-2-6）中，电流密度 j 一般选用 $2\sim3$ A/mm²，若所设计的变压器采用短时工作制，电流密度 j 可以取 $4\sim5$ A/mm²。这里电流密度 j 取 3 A/mm²。

6. 核算铁心窗口的面积

根据已知绕组的匝数、线径、绝缘厚度等来核算变压器绕组所需铁心窗口的面积，它应小于选用的铁心实际窗口（图 4-2-2）的面积（$h \times c$），否则绕组有可能放不下。如果放不下，则需重选导线规格，或者重选铁心。核算方法如下。

（1）根据选定的窗高 h 计算各绕组每层可绕的匝数 n_i。

$$n_i = \frac{0.9[h - (2\sim4)]}{d}$$

式中：　d——包括绝缘厚的导线外径，mm；

　　　　0.9——考虑绕组框架两端各空出约 5%不绕线的系数；

　　　　$2\sim4$——考虑绕组框架厚度留出的空间。

（2）计算各绕组需绕的层数 m_i：

$$m_i = \frac{N}{n_i}$$

（3）计算层间绝缘及各个绕组的厚度。

变压器一次绕组的绕制情况如图 4-2-3 所示，其层间绕组厚度的计算方法如下。

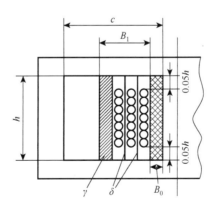

图 4-2-3　变压器绕组

在变压器铁心柱外面套上由青壳纸做的绕组框架或者弹性纸框架,包上二层电缆纸与二层黄蜡布，厚度为 B_0。在框架外面每绕一层导线后就包上层间绝缘，其厚度为 δ。对于较细的导线（如 0.2 mm 以下的导线）一般采用厚度为 $0.02\sim0.04$ mm 的透明纸（白玻璃纸），对于较粗的导线（如 0.2 mm 以上的导线）则采用厚度为 $0.05\sim0.07$ mm 的电缆纸

（或牛皮纸），对于更粗的导线可以用厚度为 0.12 mm 的青壳纸（或牛皮纸）。当整个一次绕组绕完后，还需要在它的最外面裹上厚度为 γ 的绝缘纸。当电压不超过 500 V 时，也可用厚度为 0.12 mm 的青壳纸或 2～3 层电缆纸夹 2 层黄蜡布。因此，一次绕组厚度为

$$B_1 = m_1(d_1' + \delta_1) + \gamma$$

式中：d_1'——漆包线的外径，mm；

δ_1——绕组层间绝缘的厚度，mm；

γ——绕组间绝缘的厚度，mm；

m_1——绕制层数。

同样，可求出套在一次绕组外面的各个二次绕组厚度 B_2，B_3，B_4，…。

所有绕组的总厚度 B 为

$$B = (B_0 + B_1 + B_2 + \cdots) \times (1.1 \sim 1.2) \quad (\text{mm})$$

式中：B_0——绕组框架的厚度，mm；

1.1～1.2——尺寸裕量系数。

显然，如果计算得到的绕组厚度 B 小于铁心窗口宽度 c，这个设计是可行的。但是在设计时，经常遇到 $B>c$ 的情况。这时有两种办法：一是加大铁心叠厚，增大铁心柱截面积，以减小绕组匝数，但是一般叠厚（即实际的铁心厚度）$b' = (1\sim2)a$ 比较合适，不能任意加厚；另一种办法就是重选硅钢片的尺寸，按原方法计算和核算，直到合适为止。

第 5 章　　　　　　　　　　异步电机实验

5.1　三相异步电机的拆装

5.1.1　实验内容及要求

小型异步电动机的拆装；相关工具及仪表的使用。

5.1.2　实验器材和装置

三相鼠笼型异步电动机、万用表、兆欧表、钳形电流表、转速表、拉具、套筒、橡皮锤、撬棍、记号笔等。

5.1.3　知识准备

1. 三相异步电动机的结构：定子、转子

$$定子 = 定子铁心 + 定子绕组 + 机座$$

定子铁心是由 0.5 mm 厚的硅钢片叠压制成，在其内圆冲有分布的槽。

定子铁心的作用：一是槽内可用来嵌放定子绕组；二是定子铁心构成电动机磁路的一部分。

定子绕组由铜导线绕制而成，构成电动机电路的一部分。

机座是电动机的支架，一般用铸铁或铸钢制成。

$$转子 = 转子铁心 + 转子绕组 + 轴承$$

转子铁心也是由 0.5 mm 厚的硅钢片叠压制成，在其外圆冲有分布的槽。转子铁心可嵌放转子绕组，构成电机磁路的另一部分。

三相异与电机的结构如图 5-1-1 所示。

2. 三相异步电机的类型

三相异步电机根据电机转子绕组形状不同分为鼠笼型异步电机和绕线型异步电机。

3. 三相异步电机的工作原理

三相电通给三相对称的定子绕组，产生旋转磁场，静止的转子相对于旋转磁场有一个

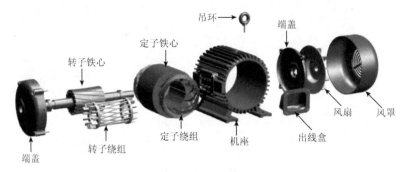

图 5-1-1　三相异步电机结构

相对的切割磁力线的运动，产生感应电动势，进而产生感应电流，转子绕组上有了电流，在磁场中又会受到电磁力的作用，形成电磁转矩 T，克服阻转矩，驱动转子旋转起来，实现了电能转换成机械能的目的，即对称三相绕组通入对称三相电流→旋转磁场→磁场切割转子绕组→转子绕组中产生 e 和 i →转子绕组在磁场中受到电磁力的作用→转子旋转起来→输出机械能量→机械负载旋转起来。

5.1.4　实验步骤

1. 三相异步电动机的一般拆卸步骤

（1）切断电源，卸下皮带；

（2）拆去接线盒内的电源接线和接地线；

（3）卸下底脚螺母、弹簧垫圈和平垫片；

（4）卸下皮带轮；

（5）卸下前轴承外盖；

（6）卸下前端盖，可用大小适宜的扁凿，插在端盖突出的耳朵处，按端盖对角线依次向外撬，直至卸下前端盖；

（7）卸下风叶罩；

（8）卸下风叶；

（9）卸下后轴承外盖；

（10）卸下后端盖；

（11）卸下转子，在抽出转子之前，应在转子下面和定子绕组端部之间垫上厚纸板，以免抽出转子时碰伤铁心和绕组；

（12）用拉具拆卸前后轴承及轴承内盖（图 5-1-2）。

步骤如图 5-1-2 所示。

2. 电动机主要部件的拆装方法

1）轴承外盖和端盖的拆卸步骤

（1）拆卸轴承外盖的方法比较简单，只要旋下固定轴承盖的螺丝，就可把外盖取下（图 5-1-3）。

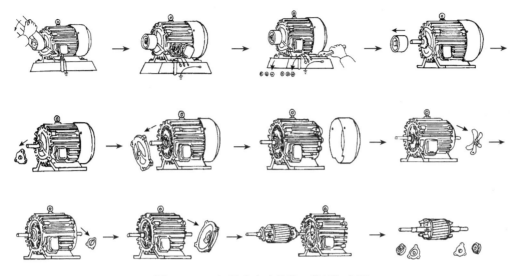

图 5-1-2　三相异步电动机的一般拆卸步骤

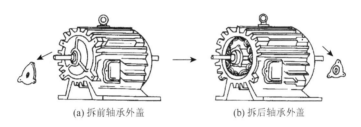

(a) 拆前轴承外盖　　　　　　　　　　　　　(b) 拆后轴承外盖

图 5-1-3　轴承外盖拆卸示意图

注意：前后两个外盖拆下后要标上记号，以免将来安装时前后装错。

（2）拆卸端盖前，应在机壳与端盖接缝处做好标记，然后旋下固定端盖的螺丝。通常端盖上都有两个拆卸螺孔，用从端盖上拆下的螺丝旋进拆卸螺孔，就能将端盖逐步顶出来。

若没有拆卸螺孔，可用大小适宜的扁凿，插在端盖突出的耳朵处，按端盖对角线依次向外撬，直至卸下端盖（图 5-1-4）。

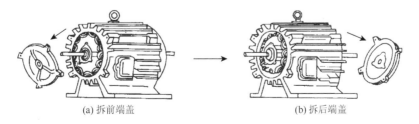

(a) 拆前端盖　　　　　　　　　　　　　　　(b) 拆后端盖

图 5-1-4　端盖拆卸示意图

注意：前后两个端盖拆下后要标上记号，以免将来安装时前后装错。

2）轴承外盖和端盖的安装步骤

轴承外盖的安装步骤：

（1）装上轴承外盖；

（2）插上一颗螺丝，一只手顶住螺丝，另一只手转动转轴，使轴承的内盖也跟着转动，当转到轴承内外盖的螺丝孔一致时，把螺丝顶入内盖的螺丝孔里，并旋紧；

（3）把其余两个螺丝也装上，旋紧（图5-1-5）。

图 5-1-5　轴承外盖安装示意图

端盖的安装步骤（图5-1-6）：

（1）铲去端盖口的脏物；

（2）铲去机壳口的脏物，再对准机壳上的螺丝孔把端盖装上；

（3）插上一对螺丝，按对角线先后把螺丝旋紧；

（4）插上另一对螺丝，用同样的方法先后把螺丝旋紧，切不可有松有紧，以免损伤端盖。

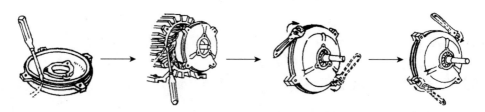

图 5-1-6　端盖安装示意图

注意：在固定端盖螺丝时，不可一次将一边端盖拧紧，应将另一边端盖装上后，两边同时拧紧。要随时转动转子，看其是否能灵活转动，以免装配后电动机旋转困难。

3）风罩和风叶的拆卸步骤

（1）选择适当的旋具，旋出风罩与机壳的固定螺丝，即可取下风罩。

（2）将转轴尾部风叶上的定位螺丝或销子拧下，用小锤在风叶四周轻轻地均匀敲打，风叶就可取下，如图5-1-7所示。若是小型电动机，则风叶通常不必拆下，可随转子一起抽出。

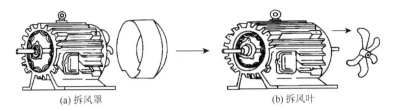

(a) 拆风罩　　　　　　　　　　　　(b) 拆风叶

图 5-1-7　风罩和风叶的拆卸示意图

4）转子的拆装步骤

转子的拆卸方法：

（1）拆卸小型电动机的转子时，要一手握住转子，把转子拉出一些，随后用另一只手托住转子铁心渐渐往外移，如图 5-1-8 所示。

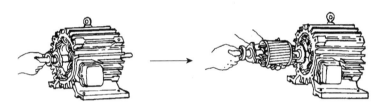

图 5-1-8　小型电机转子拆卸示意图

注意：不能碰伤定子绕组。

（2）拆卸中型电动机的转子时，要一人抬住转轴的一端，另一人抬住转轴的另一端，渐渐地把转子往外移（图 5-1-9）。

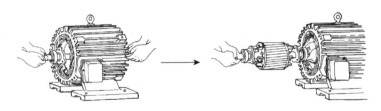

图 5-1-9　中型电机转子拆卸示意图

（3）拆卸大型电动机的转子时，要用起重设备分段吊出转子（图 5-1-10）。

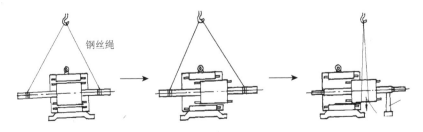

图 5-1-10　大型电机转子拆卸示意图

转子的安装方法：

转子的安装是转子拆卸的逆过程。安装时，要对准定子中心把转子小心地往里送。

注意：不能碰伤定子绕组。

5）轴承的拆装步骤

拆卸轴承的几种方法：

（1）用拉具拆卸。

应根据轴承的大小，选好适宜的拉力器，夹住轴承，拉力器的脚爪应紧扣在轴承的内圈上，拉力器的丝杆顶点要对准转子轴的中心，扳转丝杆要慢，用力要均匀（图5-1-11）。

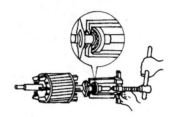

图 5-1-11　用拉力器拆卸轴承

（2）用铜棒拆卸。

轴承的内圈垫上铜棒，用手锤敲打铜棒，把轴承敲出，如图5-1-12所示。

图 5-1-12　用铜棒敲打拆卸滚动轴承

敲打时，要在轴承内圈四周的相对两侧轮流均匀敲打，不可偏敲一边，用力不要过猛。

（3）搁在圆桶上拆卸。

在轴承的内圆下面用两块铁板夹住，搁在一只内径略大于转子外径的圆桶上面，在轴的端面垫上块，用手锤敲打，着力点对准轴的中心，如图5-1-13所示。圆桶内放一些棉纱头，以防轴承脱下时摔坏转子。当敲到轴承逐渐松动时，用力要减弱。

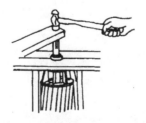

图 5-1-13　搁在圆桶上拆卸滚动轴承

（4）轴承在端盖内的拆卸。

在拆卸电动机时，若遇到轴承留在端盖的轴承孔内时，把端盖止口面朝上，平滑地搁在两块铁板上，垫上一段直径小于轴承外径的金属棒，用手锤沿轴承外圈敲打金属棒，将轴承敲出，如图 5-1-14 所示。

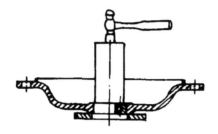

图 5-1-14　拆卸端盖孔内的滚动轴承

（5）加热拆卸。

当轴承装配过紧或轴承氧化不易拆卸时，可用 100℃ 左右的机油淋浇在轴承内圈上，趁热用上述方法拆卸。

安装轴承的几种方法：

（1）敲打法。

把轴承套到轴上，对准轴颈，使用一段铁管，其内径略大于轴颈直径，外径略大于轴承内圈的外径，将铁管的一端顶在轴承的内圈上，用手锤敲铁管的另一端，把轴承敲进去，如图 5-1-15（a）所示。如果没有铁管，也可用铁条顶住轴承的内圈，对称地、轻轻地敲，轴承也能水平地套入转轴，如图 5-1-15（b）所示。

(a) 用铁管轻敲轴承　　　　　　　　　　　(b) 用铁条轻敲轴承

图 5-1-15　敲打法示意图

（2）热装法。

如配合度较紧，为了避免把轴承内环胀裂或损伤配合面，可采用热装法。首先将轴承放在油锅里（或油槽内）加热，油的温度保持在 100℃ 左右，轴承必须浸没在油中，又不能和锅底接触，可用铁丝将轴承吊起架空，如图 5-1-16（a）所示。加热要均匀，30～40 min 后，把轴承取出，趁热迅速地将轴承一直推到轴颈。在条件所限情况下，可将轴承放在 100 W 灯泡上烤热，1 h 后即可套在轴上，如图 5-1-16（b）所示。

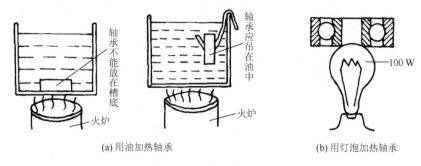

(a) 用油加热轴承   (b) 用灯泡加热轴承

图 5-1-16 热装法示意图

5.1.5 实验注意事项

（1）按要求正确使用电工工具及电工仪表，避免出现损坏工具及仪表的现象；

（2）防止紧固件出现明显松脱，避免丢失零部件；

（3）电机转子从定子中取出与放进时应倍加小心，防止定子与转子碰撞损坏；

（4）拆装时要做好标记，保证电机装配的正确性；

（5）要遵守实验室的各项规章制度，实验过程中应注意保持室内的良好秩序。

5.2 异步电动机星形三角形起动实验

5.2.1 实验内容及要求

三相异步电动机定子端线的辨别；三相异步电动机电路的连接；三相异步电动机的起动、反转和调速。

5.2.2 实验器材和装置

三相鼠笼型异步电动机、三相多速异步电动机、万用表、转速表、钳形电流表、三相绕线型异步电动机等。

5.2.3 实验步骤

1. 辨别定子绕组端线

当定子绕组端线的标号搞混时，必须进行辨别，其辨别方法很多。在实验室常用剩磁法和电池法辨别。

1）剩磁法

绕组串联：

（1）用万用表查出六个端线中，哪两根端线属于同一相绕组，并假设为 AX、BY、CZ。

（2）将三相绕组串联，用手转动转子，观察毫伏表（或用万用表的"毫伏"挡）读数，若毫伏表指针来回摆动，则说明假设不正确，此时，可任意调换一相绕组的端线，直至推动转子而毫伏表指针不动，则说明绕组是首尾相连，即可确定绕组的首、尾端。

绕组并联：

（1）将万用表转换开关置于电阻"R×10"挡，测量引出线端间的电阻，区分开三相绕组，并假设编号为 U1、U2、V1、V2、W1、W2。

（2）将万用表转换开关置于最小量程的"mA"挡或最大量程的"μA"挡。将三相绕组并联连接，如图 5-2-1 所示，将假定的 U1、V1、W1 连接在一起，另外三端连接在一起，再并接到万用表两表笔间。

（3）用手转动电动机的转子，观察万用表指针的偏转，如图 5-2-1（a）所示。若指针不动，则说明三个首端假定正确（则三个末端假定也正确）；若指针偏转，如图 5-2-1（b）所示，则对调其中一相或两相绕组的线端后重新实验，直到表针不动为止。

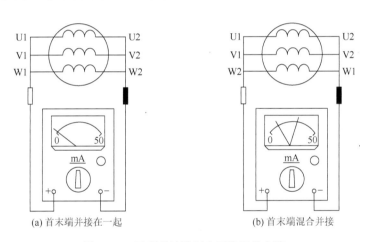

(a) 首末端并接在一起　　　　　　　　　　(b) 首末端混合并接

图 5-2-1　用剩磁法辨别定子绕组首末端

2）电池法

（1）将万用表转换开关置于电阻"R×10"挡，测量引出线端间的电阻，以便区分三相绕组，并假设编号为 U1、U2、V1、V2、W1、W2。

（2）将万用表转换开关置于"mA"挡，选用最小量程时指针偏转明显。将任意一相绕组的两个线端（如 W1、W2）并接到万用表两表笔间，如图 5-2-2 所示；再将另一相绕组（如 V1、V2）的其中一端接电池的负极，另一端去碰触电池的正极，同时注意观察表针的瞬时偏转方向。

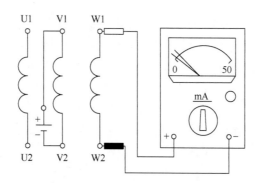

图 5-2-2　用万用表和电池法辨别绕组首末端

如果表针正偏（向右偏转），则与电池正极触碰的那根线端确定为首端（标明 V1），与电池负极相接的线端为末端（标明 V2）。如果表针反偏（向左偏转），则该绕组的首末端与上述判断相反。

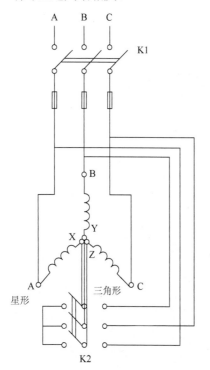

图 5-2-3　直接起动和星形三角形起动

（3）万用表与绕组的接线不动，用上述同样的方法辨别第三相绕组的首末端，此种方法是利用变压器的电磁感应原理实现的。

2. 鼠笼型异步电动机直接起动和星形三角形起动

1）直接起动

如图 5-2-3 所示，将三相双投开关 K2 合向"三角形"，此时定子绕组为三角形连接，然后将 K1 合向电源，于是电动机在三角形连接下直接起动。在实验过程中，用钳形电流表测量起动电流的大小，并观察其在起动过程中的变化。

2）星形三角形起动

如图 5-2-3 所示，起动时先合上 K1 然后将开关 K2 合向"星形"位置，待转速上升后，再将 K2 立即合向"三角形"位置，用钳形电流表测量起动电流，并观察其变化情况。

3）绕线型异步电动机转子串联电阻起动

如图 5-2-4 所示，起动前将转子电路的串联电阻置于最大值，然后将定子绕组接通电源，并逐渐减少转子串联电阻，直到其电阻为零，用钳形电流表测量起动电流。

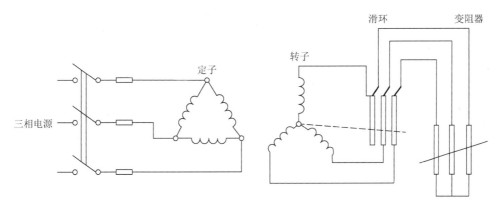

图 5-2-4 转子串联电阻起动

3. 异步电动机的反转

将异步电动机接到电源上三根导线中的任意两根，互相交换后起动电机，观察其旋转方向的改变。

5.2.4 实验注意事项

（1）在接 Y/Δ 起动线路时一定要注意应按电路图接线，并要细心检查；
（2）进行反转实验时，换接必须要在转子停转时才能进行。

第6章

同步电机实验

6.1 同步发电机电压建立

6.1.1 实验内容及要求

使用他励励磁方式进行同步发电机的电压建立；使用发电机励磁方式进行同步发电机的电压建立。

6.1.2 实验器材和装置

同步发电机组、他励记录台、三相可调电阻、电感、电工仪表（万用表、直流电流表、交流电压表、频率表、转速表）。

6.1.3 知识准备

1. 船舶电站的组成和分类

1）组成
船舶电站包括发电机组和主配电板。
2）分类
（1）主电站：在正常情况下向全船供电的电站。
（2）停泊电站：在停泊状态或无岸电供电时向停泊时的用电负载供电的电站，一般容量较小。
（3）应急电站：在应急情况下，向为保证舰船安全所必需的负载供电的电站。
（4）特殊或专用电站：指如给 400~1000 Hz 专用设备供电的中频电站等。

2. 实验室电站系统与实船电站的区别

实验室的电站系统是对实船电站的模拟，与实船电站的区别主要在两个方面：一是容量方面，实船电站的容量很大，而实验室电站只是对电站原理的模拟，功率只有 5~10 kW；二是负载形式方面，实船电站的负载可以是各式各样的电气设备，而实验室的负载只有纯电阻、纯电感和三相异步电动机三种形式。

　　实验室电站系统的组成：实验室由 12 套同步发电机组及其相应的控制设备组成，12 台发电机组分别由 12 屏发电机控制屏进行控制（每 2 屏组合在一起，共 6 组配电板）。整个实验室电站系统主要包括直流电动机、直流调速器、同步发电机、励磁装置（斩波励磁、无刷励磁或相复励励磁）、发电机控制屏、配电网络系统（网络变换屏）、负载系统（电阻、电感、异步电动机）等功能模块。此外，为方便学员进行三相同步发电机特性实验的接线与测量，每 2 套机组设置一个记录台。单机系统的组成示意图如图 6-1-1 所示。

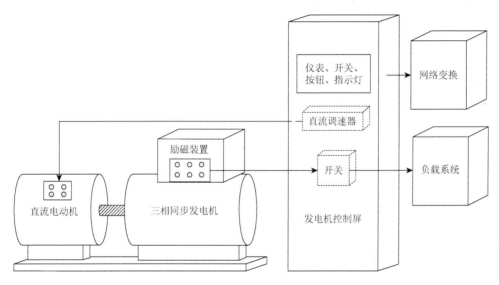

图 6-1-1　单机系统组成示意图

6.1.4　实验步骤

　　发电机控制屏的仪表有电压表、电流表、功率因数表、功率表、同步表等，开关旋钮有转速调节旋钮、电压调节旋钮、励磁方式调节旋钮、电机起动及停机按钮、转换开关等。实验进行前要进行熟悉。

　　（1）合上电源室直流电源开关，使输出直流电压为 220 V（DC220 V 为直流电动机提供的励磁电压）。

　　（2）合上墙壁上分电箱内的电源开关（分电箱内从左往右第 1 个开关为 AC380 V，第 3 个开关为 DC220 V）。注意合闸后最好用万用表测量分电箱内的电源 AC380 V 和 DC220 V，确保电源已准确无误地输送至实验室。

　　（3）打开发电机控制屏下门。

　　（4）选择"直流调速器"控制方式，见"直流调速器"面板上的"转换开关"。平时实验中，一般都选择"远控"方式，如果控制方式没有改变，实际操作时可以跳过此步骤。

　　这里"转换开关"有两种控制方式："近控"和"远控"，用以调节提供给直流电动机的电枢电压（直流）。

　　"近控"方式下要在"直流调速器"上直接用"稳压调节"旋钮进行调节。如果选择

"近控"，则电机起动前要将"直流调速器"上的"稳压调节"旋钮旋至最小位置，电机起动过程中缓慢调节此旋钮，直至电动机转速为 1500 r/min。

"远控"方式下要在发电机控制屏面板上利用"调速选择"开关调节。如果选择"远控"，则电机起动前要将"直流调速器"上的"稳压调节"旋钮旋至最大位置，电机起动过程中在发电机控制屏上调节"调速选择"开关使电动机转速上升为 1500 r/min（若使用"远控"，但"稳压调节"旋钮放在最小，则起动时直流电机得不到电枢电压而不能够运转）。

"近控"和"远控"的切换必须在电机转速为 0 的情况下完成。

（5）打开发电机控制屏上门。

（6）合上双号电站的市电电源开关（AC220 V），双号电站的发电机主开关分闸灯亮（红色）；其发电机控制屏内部的数显式转速表电源接通，显示为零；单、双号电站的控制单元模块 GPC 电源灯亮。若是选择单号的电站进行实验，还要合上单号电站的市电电源开关，此时单号电站的发电机主开关分闸灯亮（红色）；单号发电机控制屏上的"母联"接触器断开灯也会亮（红色）；发电机控制屏内部的数显式转速表电源接通，显示为零。

需要说明的是，无论是使用单号电站，还是使用双号电站，都要把双号的市电电源开关合上，若使用单号电站，还需要把单号电站的市电电源开关合上。双号控制屏内部的市电电源除了给双号电站的 GPC 和转速表提供电源外，还给单号电站的 GPC 提供工作电源；单号控制屏内部的市电电源给单号电站的转速表提供电源。市电电源还兼给发电机主开关提供分、合闸电源。

（7）合上原动机电源开关（AC380 V），原动机停止灯亮（红色）。

（8）确定同步发电机的励磁方式，单机实验时打在"他励"方式。

（9）操作原动机起动按钮，原动机起动灯亮（绿色），停止灯灭。

（10）合上"直流调速器"电源开关，其电源指示灯亮（红色）。

"直流调速器"的工作电源为 AC220 V，工作位置为 I，停止位置为 O。

（11）调节发电机控制屏上的"调速选择"开关至加速位置，同时观察转速表，使原动机转速缓慢上升至额定转速 1500 r/min。

调节加速时一定要缓慢调节，尤其是在电机转速达到 1400 r/min 之后，不能调节过快。

至此，已完成发电机组的起动过程，如果发电机加上励磁（发电机励磁或他励），电压就会建立起来。

例如，若励磁方式选择为发电机励磁方式，当原动机转速缓慢上升至额定转速 1500 r/min 时，将电压测量转换开关选择在发电机 AB、BC、CA 三挡中的任意一挡均可观测发电机电压。操作"调压选择"开关，可进行升压或降压的微调。

"调压选择"开关在他励方式调节中不会用到，它只在励磁方式选择为发电机励磁方式时进行调节，而且其调节的范围不大，属于微调。

（12）调节发电机控制屏上的"调速选择"开关至减速位置，观察转速表，使原动机转速缓慢减少至 0。

（13）关闭"直流调速器"电源。

（14）按下原动机停止按钮，原动机停止灯亮，起动灯灭。

（15）切断原动机电源和市电电源。

（16）将"励磁选择"开关旋至"断"位置。

至此，已完成发电机组的停机过程。

6.1.5　实验注意事项

（1）直流调速器的"近控"和"远控"功能的切换必须在电机转速为 0 的情况下完成；

（2）电机在运行过程中，"励磁选择"开关禁止再旋转改变；

（3）调节电机加速时一定要缓慢，转速达到 1400 r/min 之后，要使用"点动"的方式调节转速，避免转速升得过快；

（4）每次实验时，要确认原动机转速降至零后方才可以切断原动机和市电电源，为下一次实验做好准备；

（5）若双号电站已完成实验操作而准备切断电源，与之相邻的单号电站还在实验过程中时，双号电站只能切断其原动机电源，而不能切断其市电电源。

6.2　同步发电机空载特性

6.2.1　实验内容及要求

同步发电机组的起动、调速及停机；在他励励磁方式的情况下，测定同步发电机的空载特性。

6.2.2　实验器材和装置

同步发电机组、他励记录台、电工仪表（万用表、直流电流表、交流电压表、频率表、转速表）等。

6.2.3　知识准备

1. 内容复习

同步发电机电压建立：

（1）船舶电站的基本结构组成；

（2）同步发电机电压建立的方法步骤；

（3）同步发电机配电屏组成部分的功能及操作方法。

2. 同步发电机空载运行及空载特性的概念

同步发电机被原动机拖动到同步转速，转子励磁绕组通入直流励磁电流而定子绕组开路时的运行工况称为空载运行。

改变励磁电流 I_f，可以得到不同的电压 E_0，由此可以得到空载特性曲线（也称磁化曲线）。

6.2.4　实验步骤

（1）发电机组起动之前，必须检查以下内容，否则不能起动电机：①确认他励记录台电源开关断开，且他励励磁调节旋钮左旋到底至最小值；②确认负载开关均为断。

检查无误后，将记录台上的他励励磁调节旋钮下方的两个接线端钮断开，将直流电流表串联接入这两个端钮之间（作他励空载特性曲线时要测量此励磁电流 I_f）。

（2）选择励磁方式为他励，按照同步发电机电压建立的步骤起动原动机至额定转速（1500 r/min），并确保实验过程中电机转速保持在额定值。

（3）闭合他励记录台下面的他励电源开关（220 V 交流）。

（4）顺时针缓慢调节记录台上面的电压调节旋钮，对同步发电机进行励磁（为直流，100 V 以下）调节，使励磁电流 I_f 由 0 逐渐增大，同时观察发电机控制屏上的电压表（指示同步发电机的输出电压）和频率表，会发现同步发电机的空载电压 E_0 也随之增加，直至发电机电压为额定电压（400 V）的 1.1 倍，频率表为 50 Hz，并将相应的 I_f 和 E_0 记入表 6-2-1 中。

表 6-2-1　同步发电机空载特性实验记录表

E_0							$n = n_N = ?$
I_f							

根据实验数据用平滑的曲线连接各测试点，可绘出同步发电机的空载特性曲线。

（5）逆时针缓慢调节记录台上面的电压调节旋钮，直至发电机电压降为 0，频率表不显示。

（6）关断记录台下面的他励电源开关。

注意：每次实验，都必须将电压调节旋钮逆时针旋至最小，方可切断他励工作电源。

（7）停机操作步骤参照同步发电机电压建立实验的停机过程。

注意：只有确认同步电机转速为 0 后才能按下停机按钮。

6.2.5　实验注意事项

（1）电机在运行过程中，"励磁选择"开关禁止再旋转改变；

（2）调节电机加速时一定要缓慢，转速达到 1400 r/min 之后，要使用"点动"的方式调节转速，避免转速升得过快；

（3）测试过程中不能切换直流电流表的量程；

（4）用万用表在汇流排上测量发电机电压时，务必注意安全；

（5）若双号电站已完成实验操作而准备切断电源，与之相邻的单号电站还在实验过程中时，双号电站只能切断其原动机电源，而不能切断其市电电源；

（6）电机停机前，要关闭他励励磁电源；

（7）每次实验时，要确认原动机转速降至 0 后方才可以切断原动机和市电电源，为下一次实验做好准备。

6.3　同步发电机外特性

6.3.1　实验内容及要求

同步发电机组的起动、调速及停机；在他励励磁方式的情况下，测定同步发电机的外特性。

6.3.2　实验器材和装置

同步发电机组、他励记录台、三相可调电阻、电感、电工仪表（万用表、直流电流表、交流电压表、频率表、转速表）等。

6.3.3　知识准备

1. 内容复习

同步发电机电压建立：

（1）了解船舶电站的基本结构组成；

（2）掌握同步发电机电压建立的方法步骤；

（3）掌握同步发电机配电屏组成部分的功能及操作方法。

2. 同步发电机外特性的概念

同步发电机的外特性是指发电机转速保持同步转速，励磁电流和负载功率因数保持不变时，发电机的端电压与负载电流之间的关系曲线，即 $n = n_N$、$I_f =$ 常数、$\cos\varphi =$ 常数时的 $U = f(I)$。

图 6-3-1 表示同步发电机不同功率因数时的外特性。在感性负载或纯电阻负载（$\cos\varphi = 1$）时，受电枢反应的去磁作用和定子漏阻抗压降的影响，外特性是下降的。在容性负载且内功率因数角为超前时，电枢反应的增磁作用和容性电流的漏阻抗压降使端电压上升，所以外特性是上升的。

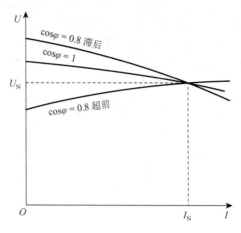

图 6-3-1　同步发电机的外特性

6.3.4　实验步骤

（1）发电机组起动之前，必须检查以下内容，否则不能起动电机：①确认他励记录台电源开关断开，且他励励磁调节旋钮左旋到底至最小值；②确认负载开关均为断。

检查无误后，将记录台上的他励励磁调节旋钮下方的两个接线端钮断开，将直流电流表串联接入这两个端钮之间（作外特性曲线时要测量此励磁电流 I_f）。

（2）选择励磁方式为他励，按照同步发电机电压建立的步骤起动原动机至额定转速（1500 r/min），并确保实验过程中电机转速保持在额定值。

（3）接通他励记录台下面的他励电源开关（220 V 交流）。

（4）顺时针缓慢调节记录台上面的电压调节旋钮，对同步发电机进行励磁（为直流，100V 以下）调节，使励磁电流 I_f 由 0 逐渐增大，直到同步发电机的输出电压达到额定值，记下此时的 I_f 并在整个实验过程中保持不变。

（5）在发电机电压建立情况下，操作发电机控制屏上的电压测量开关，可以观察到发电机 AB、BC、CA 均为发电机线电压是 AC400 V 左右，频率表是 50 Hz。

（6）闭合发电机主开关的合闸按钮（绿色），此时主开关合闸灯亮（绿色）而分闸灯灭（红色）。

（7）操作电压测量开关，转换至汇流排侧位，可以观察到电压表分别显示汇流排侧 AB、BC、CA 为 AC 400 V 左右，频率为 50 Hz。

（8）将发电机控制屏上的电流测量开关选至 A、B、C 三挡中任意一挡（此开关为发电机负载电流测量选择开关）。

（9）加负载，打开发电机控制屏上门，合上负载电源开关，再闭合负载柜上的负载开关，此时可以观察电流表、功率表、功率因数表的指示情况。

（10）在保持原动机的转速 n_N 不变及励磁电流 I_f 不变的情况下，接入不同形式的负载，进行实验数据的测试。

第一，求纯电阻负载（$\cos\varphi = 1$）时的外特性。

若加电阻负载,在机组负载柜体上面(控制台对面)依次合上电阻开关,功率表指示逐渐增大,电流表指示逐渐增大,记录台上数显表显示出负载电流。

将相对应的发电机端电压 U_R 和负载电流 I_R 记入表 6-3-1 中。

表 6-3-1 同步发电机加纯电阻负载时外特性实验记录表

U_R							$n = n_N = ?$
I_R							$I_f = ?$

按照实验数据画出同步发电机在纯电阻负载时的外特性曲线。

第二,求纯电感负载($\cos\varphi \approx 0$)时的外特性。

若加电感负载,合上电感负载开关,在机组负载柜体下部(控制屏对面),合上其中一只开关,观察功率因数表指示情况。将相对应的发电机端电压 U_L 和负载电流 I_L 记入表 6-3-2 中。

表 6-3-2 同步发电机加纯电感负载时外特性实验记录表

U_L							$n = n_N = ?$
I_L							$I_f = ?$

按照实验数据画出同步发电机在纯电感负载时的外特性曲线。

注意:一次只能闭合一个纯电感负载开关,而不能同时闭合两只纯电感负载开关,否则发电机主开关会故障跳闸。

第三,求一般性阻感负载时的外特性(选做)。

将电阻负载和电感负载进行搭配使用,保持功率因数不变,操作方法与上述完全相同。将对应的端电压 U 和负载电流 I 记入表 6-3-3 中。

表 6-3-3 同步发电机加一般性阻感负载时外特性实验记录表

U							$n = n_N = ?$
I							$I_f = ?$

按照实验数据画出同步发电机在一般性阻感负载时的外特性曲线。

(11)实验数据测试完毕后,分级切除负载,按下发电机主开关分闸按钮(红色),左旋他励励磁调节旋钮,使励磁电流为 0,关闭他励励磁电源,降低原动机转速至停机。

6.3.5 实验注意事项

(1)电机在运行过程中,"励磁选择"开关禁止再旋转改变;

(2)调节电机加速时一定要缓慢,转速达到 1400 r/min 之后,要使用"点动"的方式调节转速,避免转速升得过快;

（3）测试过程中不能切换直流电流表的量程；

（4）用万用表在汇流排上测量发电机电压时，务必注意安全；

（5）若双号电站已完成实验操作而准备切断电源，与之相邻的单号电站还在实验过程中时，双号电站只能切断其原动机电源，而不能切断其市电电源；

（6）电机停机前，要关闭他励励磁电源；

（7）每次实验时，要确认原动机转速降至 0 后方才可以切断原动机和市电电源，为下一次实验做好准备。

6.4　同步发电机励磁调节特性

6.4.1　实验内容及要求

同步发电机组的起动、调速及停机；在他励励磁方式的情况下，测定同步发电机的励磁调节特性。

6.4.2　实验器材和装置

三相同步发电机组、他励记录台、三相可调电阻、电感、电工仪表（万用表、直流电流表、交流电压表、频率表、转速表）等。

6.4.3　知识准备

1. 内容复习

同步发电机电压建立：
（1）了解船舶电站的基本结构组成；
（2）掌握同步发电机电压建立的方法步骤；
（3）掌握同步发电机配电屏组成部分的功能及操作方法。

2. 同步发电机励磁调节特性的概念

同步发电机的励磁系统一般由励磁功率单元和励磁调节器两部分组成，它们和同步发电机结合在一起构成一个闭环反馈控制系统，称为励磁控制系统。励磁功率单元包括励磁机或励磁变压器、可控硅整流器等，它向同步发电机提供直流电流，即励磁电流；励磁调节器根据输入信号和给定的调节规律控制励磁功率单元的输出。励磁控制系统的三大基本任务是，稳定电压，合理分配无功功率和提高电力系统稳定性。

同步发电机的励磁调节特性是指发电机转速保持为同步转速，负载功率因数 $\cos\varphi$ 不变，端电压 U 保持为常数时，励磁电流 I_f 和负载电流 I 之间的函数关系，即 $n = n_N$，$U = U_N$ 及 $\cos\varphi =$ 常数时的 $I_f = f(I)$。

同步发电机的励磁调节特性如图 6-4-1 所示。对于纯电阻性和阻感性负载，为了补偿负载电流形成电枢反应的去磁作用和绕组漏阻抗压降，保持发电机的端电压不变，就必须随负载电流 I 的增大相应增大励磁电流 I_f，因此调节特性曲线是上升的。对于容性负载，为了抵消直轴助磁的电枢反应作用，保持发电机的端电压不变，就必须随负载电流 I 的增大相应减小励磁电流 I_f，因此调节特性曲线是下降的。

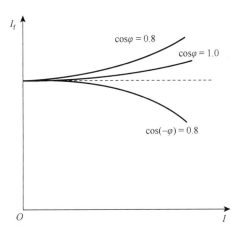

图 6-4-1　同步发电机的励磁调节特性

电阻、电感性的负载增加，励磁电流要增加。

电容性负载时，励磁电流可能需要减小。

6.4.4　实验步骤

（1）发电机组起动之前，必须检查以下内容，否则不能起动电机：①确认他励记录台电源开关断开，且他励励磁调节旋钮左旋到底至最小值；②确认负载开关均为断。

检查无误后，将记录台上的他励励磁调节旋钮下方的两个接线端钮断开，将直流电流表串联接入这两个端钮之间（作励磁调节特性曲线时要测量此励磁电流 I_f）。

（2）选择励磁方式为他励，按照同步发电机电压建立的步骤起动原动机至额定转速（1500 r/min），并确保实验过程中电机转速保持在额定值。

（3）接通他励记录台下面的他励电源开关（220 V 交流）。

（4）顺时针缓慢调节记录台上面的电压调节旋钮，对同步发电机进行励磁（为直流，100 V 以下）调节，使励磁电流 I_f 由 0 逐渐增大，直到同步发电机的输出电压达到额定值，记下此时的 U_N 和 I_f。

（5）在发电机电压建立情况下，操作发电机控制屏上的电压测量开关，可以观察到发电机 AB、BC、CA 均为发电机线电压是 AC400 V 左右，频率表是 50 Hz。

（6）闭合发电机主开关的合闸按钮（绿色），此时主开关合闸灯亮（绿色）而分闸灯灭（红色）。

（7）操作电压测量开关，转换至汇流排侧位，可以观察到电压表分别显示汇流排侧 AB、BC、CA 为 AC 400 V 左右，频率为 50 Hz。

（8）将发电机控制屏上的电流测量开关选至 A、B、C 三挡中任意一挡（此开关为发电机负载电流测量选择开关）。

（9）加负载，打开发电机控制屏上门，合上负载电源开关，再闭合负载柜上的负载开关，此时可以观察电流表、功率表、功率因数表的指示情况。

（10）在保持原动机的转速 n_N 不变及端电压 U_N 不变的情况下，接入不同形式的负载，进行实验数据的测试。

第一，求纯电阻负载（$\cos\varphi = 1$）时的励磁调节特性。

若加电阻负载，在机组负载柜体上面（控制台对面）依次合上电阻开关，功率表指示逐渐增大，电流表指示逐渐增大，记录台上数显表显示出负载电流。

将相对应的发电机励磁电流 I_{fR} 和负载电流 I_R 记入表 6-4-1 中。

表 6-4-1　同步发电机加纯电阻负载时励磁调节特性实验记录表

I_{fR}							$n = n_N = ?$
I_R							$U_N = ?$

按照实验数据画出同步发电机在纯电阻负载时的励磁调节特性曲线。

第二，求纯电感负载（$\cos\varphi \approx 0$）时的励磁调节特性。

若加电感负载，合上电感负载开关，在机组负载柜体下部（控制屏对面），合上其中一只开关，观察功率因数表指示情况。将相对应的发电机励磁电流 I_{fL} 和负载电流 I_L 记入表 6-4-2 中。

表 6-4-2　同步发电机加纯电感负载时励磁调节特性实验记录表

I_{fL}							$n = n_N = ?$
I_L							$U_N = ?$

按照实验数据画出同步发电机在纯电感负载时的励磁调节特性曲线。

注意：一次只能闭合一个纯电感负载开关，而不能同时闭合两只纯电感负载开关，否则发电机主开关会故障跳闸。

第三，求一般性阻感负载时的励磁调节特性（选做）。

将电阻负载和电感负载进行搭配使用，保持功率因数不变，操作方法与上述完全相同。将对应的励磁电流 I_f 和负载电流 I 记入表 6-4-3 中。

表 6-4-3　同步发电机加一般性阻感负载时励磁调节特性实验记录表

I_f							$n = n_N = ?$
I							$U_N = ?$

按照实验数据画出同步发电机在一般性阻感负载时的励磁调节特性曲线。

（11）实验数据测试完毕后，分级切除负载，按下发电机主开关分闸按钮（红色），左旋他励励磁调节旋钮，使励磁电流为0，关闭他励励磁电源，降低原动机转速至停机。

6.4.5 实验注意事项

（1）电机在运行过程中，"励磁选择"开关禁止再旋转改变；

（2）调节电机加速时一定要缓慢，转速达到1400 r/min之后，要使用"点动"的方式调节转速，避免转速升得过快；

（3）测试过程中不能切换直流电流表的量程；

（4）用万用表在汇流排上测量发电机电压时，务必注意安全；

（5）使用电感负载时，不能同时闭合两只纯电感负载开关，否则发电机主开关会故障跳闸；

（6）励磁电流较大时，他励记录台中的电源也要承受较大的电流，注意励磁电流不能调节到太大，并注意控制实验的时间，否则可能会烧他励的电源；

（7）电机停机前，要关闭他励励磁电源；

（8）每次实验时，要确认原动机转速降至0后方才可以切断原动机和市电电源，为下一次实验做好准备；

（9）若双号电站已完成实验操作而准备切断电源，与之相邻的单号电站还在实验过程中时，双号电站只能切断其原动机电源，而不能切断其市电电源。

6.5 同步发电机并联运行

6.5.1 实验内容及要求

同步发电机组的起动、调速及停机；手动准同步并车的实验操作步骤及方法。

6.5.2 实验器材和装置

三相同步发电机组、三相可调电阻、电感、电工仪表（万用表、直流电流表、交流电压表、频率表、转速表）等。

6.5.3 知识准备

1. 内容复习

同步发电机单机运行：

（1）同步发电机电压建立的方法步骤；

（2）同步发电机配电屏组成部分的功能及操作方法；

（3）回顾空载运行、负载运行及特性曲线的测试方法。

2. 同步发电机并车操作的相关知识

1）船上并车操作的场合

在船上通常有三种情况需要并车操作：

（1）需要满足电网负荷的需求，当单机负荷达到 80%额定容量，且负荷仍有可能增加时，就要考虑并联另一台发电机；

（2）当处于进出港靠离码头或进出狭水道等的机动航行状态时，为了船舶航行的安全，需要两台发电机并联运行；

（3）当需要用备用机组替换下运行供电的机组时，为了保证不中断供电，需要通过并车进行替换。

2）同步发电机的并车条件

准同步并车方式是目前船舶上普遍采用的一种并车方法。为了使并联运行的交流同步发电机保持稳定工作，每台并联运行的发电机必须满足如下条件：

（1）待并机组的相序与运行机组（或电网）的相序一致；

（2）待并机组的电压与运行机组（或电网）的电压大小相等；

（3）待并机组电压的初相位与运行机组（或电网）电压的初相位相同；

（4）待并机组电压的频率与运行机组（或电网）电压的频率大小相等。

在以上情况下，待并机组与电网间不会产生冲击电流，这是准整步的理想情况。

在实际并车条件下，除相序外，其他条件很难做到完全一致，因此应根据手动准同步并车的步骤，利用同步表的显示及发电机调速按钮，控制同步发电机的并车。实际并车时，有一定的频差能快速投入并联运行中。

6.5.4 实验步骤

1. 工作发电机起动与带载

（1）电机起动前的检查及准备工作：发电机组起动之前，必须确认负载开关均为断，否则不能起动电机。

（2）将电压表旋钮扭到测 AB 线电压，将电流表旋钮扭到测 A 相电流，励磁调节器旋钮选择"相复励"运行方式。

（3）合上控制屏内电源开关，检查控制屏上各信号灯状态，其中"原动机停止""发电机开关分闸灯""母联开关断开灯"三个红灯亮起，其他灯均为熄灭状态。

（4）按下控制屏上的"原动机起动"按钮使原动机起动，这时"原动机起动"的绿灯亮起。

（5）将调速选择旋钮扭向"加速"，将原动机的转速加速到额定转速 1500 r/min，这时发电机电压应达到额定电压。

（6）将电压表旋钮分别扭到测 BC、CA 的电压，观察电压表显示是否为额定电压，如有异常要报告。

（7）按下"发电机开关"，发电机的"发电机主开关合闸灯"亮起，闭合负载开关，给发电机带上电阻负载 5 kW 和电感负载 1 kVar，在加载过程中观察发电机转速，若下降则增加到 1500 r/min。

（8）闭合母联开关，为并车做好准备。

注意：调速过程中，转速增加到 1400 r/min 后要每次 10 r/min 地逐步增加转速，不要超速！

2. 手动准同步并车

（1）起动待并机组，使其转速达到额定转速，电压达到额定电压。

（2）调频：调节调速选择旋钮使待并机的转速比工作发电机略高，转速差控制在 5 r/min 以内。

（3）调压：用万用表测量工作发电机的 AB 线电压，记下读数，然后测量待并机的对应线电压，比较工作发电机和待并机的电压值，微调调压选择旋钮，使得待并机的线电压比工作发电机略高，电压差控制在 5 V 以内。

（4）调压后观察工作发电机和待并机的转速差是否有变化，若有变化，进行微调使其满足并车要求。

（5）此时表示电压差、频率差均满足条件，将同步测量选择旋钮扭至待并机方向，整步表开始工作，按下手动并车按钮，观察旋转灯的位置，当旋转至 0° 位置（正中）前某一合适时刻时，系统将自动将待并机并入电网中。

注意：并车成功后要及时关闭整步表！

（6）观察待并机和工作发电机的功率表，若待并机输出功率较小，则微调增加待并机转速，同时减小工作发电机转速，使得功率均分，两机承担相同负载。

并车后，电流、功率、功率因数各点指示基本一样，才算并车完成。

3. 转移负载和解列操作

（1）如果要解列工作发电机，则要转移负载，继续降低其转速，使其所带负载继续减小，观察工作发电机输出功率减小到 1 kW 以下时，按下工作发电机的发电机主开关分闸按钮，使其解列，此时待并机承担全部负载。如果要解列待并机，操作方法类似。

注意：转移负载时，注意不能使发电机出现逆功率。

（2）将调速选择旋钮扭向"减速"，将原动机的转速减速到零，完成对工作发电机的停机操作。

注意：此时，原工作发电机停机后母联开关不能断开！

4. 待并机停机

（1）先将感性负载切除，再逐步将电阻负载切除，同时观察发电机转速是否上升超过额定转速，超过则手动调整调速旋钮降低转速。负载全部切除后，将母联开关和发电机开关断开。

（2）重复工作发电机的停机过程，将发电机转速降低到零，停机。

（3）将操作电源切断，所有旋钮复位。

6.5.5　实验注意事项

（1）调节电机加速时一定要缓慢，转速达到 1400 r/min 之后，要使用"点动"的方式调节转速，避免转速升得过快；

（2）用万用表在汇流排上测量发电机电压时，务必注意安全；

（3）使用电感负载时，不能同时闭合两只纯电感负载开关，否则发电机主开关会故障跳闸；

（4）并车成功后要及时关闭同步表，避免同步表长时间开机烧掉；

（5）每次实验时，要确认原动机转速降至 0 后方才可以切断原动机和市电电源，为下一次实验做好准备。

参 考 文 献

蔡建军，2006. 电工识图. 北京：机械工业出版社.

蔡清水，杨承毅，2009. 电气测量仪表使用实训. 北京：人民邮电出版社.

蔡杏山，刘凌云，刘海峰，2009. 零起步轻松学 PLC 技术. 北京：人民邮电出版社.

付家才，2004. 电机实验与实践. 北京：高等教育出版社.

韩志凌，2009. 电工电子实训教程. 北京：机械工业出版社.

李忠国，江华圣，刘军，2009. 电工电子仪表的使用. 北京：人民邮电出版社.

刘凤春，孙建忠，牟宪民，2017. 电机与拖动实验及学习指导. 2 版. 北京：机械工业出版社.

刘星平，2010. PLC 原理及工程应用. 北京：中国电力出版社.

齐占伟，2004. 看图学电气控制设备故障检修. 北京：机械工业出版社.

秦钟全，2009. 图解低压电工上岗技能. 北京：化学工业出版社.

施春红，2002. 船舶电气设备及自动控制. 哈尔滨：哈尔滨工程大学出版社.

孙冠群，蔡慧，李璟，等. 2012. 控制电机与特种电机. 北京：清华大学出版社.

孙建忠，刘凤春，2016. 电机与拖动. 北京：机械工业出版社.

孙余凯，吴鸣山，项绮明，等，2007. 电气线路和电气设备故障检修技巧与实例. 北京：电子工业出版社.

王兰君，张从知，2009. 电工仪表. 北京：人民邮电出版社.

吴旗，俞亚珍，2010. 电气测量与仪器. 北京：高等教育出版社.

熊谷文宏，2000. 图解电气电子测量. 王益全，译. 北京：科学出版社.

杨利军，熊异，2010. 电工技能训练. 2 版. 北京：机械工业出版社.

杨清德，2012. 图解电工技能. 2 版. 北京：电子工业出版社.

野口昌介，2008. 漫话电机原理. 王益全，王笑平，译. 北京：科学出版社.

张婷，2018. 电机学实验教程. 北京：机械工业出版社.

张作化，2002. 船舶电气设备. 北京：人民交通出版社.

郑凤翼，2008. 电工识图. 北京：人民邮电出版社.

郑凤翼，2011. 电工应用识图. 2 版. 北京：电子工业出版社.